王小东 著

（第二版）

中国建筑工业出版社

图书在版编目（CIP）数据

建筑微言／王小东著.—2版.—北京：中国建筑工业出版
社，2017.1
ISBN 978-7-112-20322-2

Ⅰ.①建… Ⅱ.①王… Ⅲ.①建筑艺术－艺术评论－世
界－文集 Ⅳ.①TU–861

中国版本图书馆CIP数据核字（2017）第005371号

责任编辑：马 彦
版式设计：锋尚设计
责任校对：李欣慰 焦 乐

建筑微言（第二版）

王小东 著

*
中国建筑工业出版社出版、发行（北京海淀三里河路9号）
各地新华书店、建筑书店经销
北京锋尚制版有限公司制版
北京顺诚彩色印刷有限公司印刷
*
开本：965×1270毫米 1/32 印张：7⅞ 字数：280千字
2017年2月第二版 2017年2月第二次印刷
定价：35.00元
ISBN 978 – 7 – 112 – 20322 – 2
（29723）

王小东，1939年1月出生。中国工程院院士、建筑设计及理论研究专家。生于甘肃兰州市，原籍山东平度市。1963年8月毕业于西安冶金建筑学院建筑学专业，毕业至今一直在新疆建筑设计研究院工作，历任技术员、建筑师、高级建筑师、副总建筑师、院长、名誉院长。现任新疆建筑设计研究院资深总建筑师和中国建筑学会常务理事，西安建筑科技大学博士生导师。

作者照片

50多年来，长期在新疆从事建筑设计和理论研究工作，主要设计作品有乌鲁木齐烈士陵园、库车龟兹宾馆、新疆友谊宾馆三号楼、新疆昆仑宾馆配楼、北京中华民族博物馆新疆景区、新疆博物馆、新疆地质矿产博物馆、乌鲁木齐红山体育馆、新疆国际大巴扎、库尔勒康达大厦和田玉都大巴扎、喀什土曼河城市综合体等，分别获过新疆维吾尔自治区、住房和城乡建设部、中国建筑学会的优秀设计奖。2005年以建筑创作的个人成就获得国际建协（UIA）颁发的罗伯特·马修奖（改善人类居住环境奖）。2007年获我国建筑师的最高荣誉奖——"第四届梁思成建筑奖"。主要著作有《中国古建文化之旅——新疆篇》《伊斯兰建筑史图典》《西部建筑行脚》《新疆50年：王小东水彩画集》《喀什高台民居》《绘读新疆民居》等，在学术刊物上发表学术论文数十篇。

前 言
PREFACE

　　《建筑微言》第一版推出后，承蒙读者厚爱，很快脱销。为更好体现书中所收录微博的关注点，本次出版进行了部分修订，并对图书的装帧也作了调整，以便读者有更好的阅读体验。

　　因为本书中的内容都是从我的微博中选出来的，体裁保留了微博的特点。我的微博名为"眠云"，资料上只有一句话："一个一生都在思考什么是建筑的人"。这不是戏语，而是真实的写照。记得在1986年听过陈从周先生的一次关于园林的讲座，一开始先生就说："有人做了一辈子的园林，但还不知道什么是园林"。这句话深深地刻在我的脑子里，快30年了，现在我还在思考什么是建筑，这本《建筑微言》的内容就是说明。

　　从大学开始我就对建筑理论感兴趣，也看了不少建筑理论以及美学方面的书，还写了一本几万字的《建筑艺术的语言》，印刷成油印本向老师和同学求教。到了新疆工作后也没有中断这方面的喜爱，还啃了康德、黑格尔等人的著作，后来由于"文化大革命"而中断了这方面的学习。直到1977年，我所在设计院的资料室又恢复订阅了一些外文期刊的影印版，其中就有英国的《AD》等。由于没有中断过英语学习，我便在《AD》上又和建筑理论重逢了，首次遭遇了"post"这个词语以及有关思潮。

　　《AD》是C·詹克斯宣扬"后现代建筑"的阵地，当时对"post"这个词如何翻译也不清楚。改革开放以后，随着对外部世界的了解越来越多，20世纪80年代起各种建筑理论在我国建筑界出现，自己也身不由己地卷进去了，陆续写了数十篇关于建筑理论的文章。这些文章有部分收入到我2006年出版的《建筑行脚》一书里，到现在为止又十年了，但对建筑的探讨却使自己更加困惑，我越来越感到认识建筑是多么困难！

有一些建筑界的朋友也一直想建立自己的"理论体系"，但体系建立就过时了；也有一些抛弃了探讨，"让作品去说话"；更多的是用一种"理论"为自己的"作品"说明或辩护，一个作品，一套理论，于是"理论"成了四季服装，可以换来换去。"建筑理论"倒了，不是别人看不懂的天书，就是临时拼接的"拉洋片"说辞。价值取向、审美标准、民生、环保都不存在了，建筑创作出现了乱象！

回顾近百年的世界建筑，从现代主义开始各种主义和流派纷纷登场，但真正所谓系统的、权威的、经典的理论著作并没有出现。它们和哲学、社会学、人文学混合在一起成为一种思潮冲击着各种领域，当然也包括了建筑。尽管没有经典，但能量很大，搅动得我们中国建筑师有时不知所向。建筑理论还要不要？

"理论"这两个字还是要的，但含义却不同以往。那是一种综合的、动态的、信息量很大对世界认识的一个侧面或局部，没有这种认知，建筑师就没有了灵魂。建筑理论是对世界认识深化动态的积累，敏锐感受的反映，所以理论是建筑师用于在此时此刻判断、取舍、创作的依据。

所以，现代建筑创作的潮流和派别都有其深层的社会因素，建筑不能超然于此，只有如此才不会迷失、困惑、跟风、抄袭，跟着别人唱"四季歌"，去做"时尚"的宠儿。对建筑理论的忽视而受害的是建筑师的价值取向和文化素养。但从另外一方面说，如果过于强调"系统理论"，僵化了建筑理论，那就失去了对自己的"引领"作用。就像皮影戏一样，怎么表演，幕后都有人在操作。建筑师也是如此，很多看不见的手在操作建筑表演。不去认识和思考，就会突破建筑师职业准则的底线。

既然难以有系统、权威的建筑理论出现，这本书就采取了"随想"的方式，把片断的思考用微博的特点把它们串在一起，也算是自己几十年来对建筑思考的阶段汇总吧。逻辑性也不强，更不敢妄图建构自己的理论框架，虽然没有什么明确的结论，好在仁者见仁智者见智，读者自会去鉴别。

说到读者，这本书由于是以微博的方式完成的，便考虑了各个层面的人，既有与建筑有关的专业同行，也有对建筑感兴趣的非建筑专业读者。在我国对建筑文化的普及和宣传远远不够，建筑评论更是稀缺。全社会对建筑文化的关注度的提高，就是全民文化素质的提高。为此书中配以大量插图，一是为更好地诠注文本内容，二是想更好地激发起读者的阅读兴趣。对建筑的思考和探索，是我一生的追求，这本书只是建筑瞬间的一个切面，也许还会有《建筑微言》的后续。

　　最后需要读者谅解的是，由于本书是"微博"体裁，对其中的地名、人名、建筑称谓大都作了简化。虽沿用了常用名，但对于不是建筑学专业的人士来说可能有些失礼。但我想愿意阅读本书的人应该不存在此类困难。

作者感悟

行云流水

　　我念的小学、中学都在一座"孔庙"里，父亲、兄、嫂也在这个学校里任教。住家到学校不到100米。学校环境很好，有牌楼、月牙桥、七十二贤的厢房和大殿，旁边还有一座"文昌庙"也被归入学校。对我来说学校和家是一体的，尽管离校很近，但从初一到高三一直住校，尤其暑假里更喜欢住在环境优美的学校里，安静自由，唱歌看书画画，高兴了还去野外、山上、河边，家里人从来不督促我的学习，所以养成了自由无拘束但喜欢读书的习惯。

　　现在也不明白，20世纪40年代我念的小学里竟然会有图书馆，会有《格林童话》等这样的书和《东方快览》这样的刊物。不管怎么样，在小学时就看了不少的书，四大名著都是在小学时看完的，何况家里也有不少书。我看的第一部小说是《说岳全传》，在邻居看来我就是个书呆子。到中学时读书更方便，嫂子是学校图书馆的，这个图书馆从1941年就创建了，1949年后历年扩充，所以藏书不少。记得有一套英文世界名著，其中的《金银岛》惹人眼馋，但那时我不可能阅读，直到60年代，才看了英国"郎门"公司出版的英语简易版，"文化大革命"后才真正读完了全书。

　　每年寒暑假就是我阅读的节日，那时没有什么作业，经常从图书馆抱一大摞书回家或者到宿舍，记得三天看完了三大本《静静的顿河》，当时专门介绍外国文学的《译文》杂志也是每期必看的。校园里、自家的院子里、河边的树林里也是阅读的好去处。直到现在这些场景还会在梦里出现，而且这些被阅读过的书刊也深深印在了脑海的深处。

所以当时的我应该是一个"文艺少年"！这似乎与后来的职业无关，但我深知这些是使我成为建筑师的重要铺垫。

"文艺"两字常常不仅仅是指文学，那是一种与感性和形象思维连在一起的状态，我也喜欢绘画和音乐。所以在高考填写志愿时非常犯难，文理都喜欢，当时也想学物理或天文，但最后选择了建筑学专业，原因是它与科技、艺术都有关系，学制又是6年，可以多学一些。至于为什么选择了西安建筑工程学院，那是因为家兄也在西安读书。其实当时我对于建筑学这个专业一点也不了解，是"文艺"的魂把自己勾到了这个领域。

因为文艺就给自己带来了一些个性：不愿附和，不愿趋势，随心，不计较，喜欢独立思考，所以在大学和中学都有一顶帽子：只专不红。考试经常第一个交卷，哪怕有不会做的题也不管。尤其在大学里，课程设计和渲染图不去看别人的也是冲到前面早早完成，不像一些同学总去观摩别人的作业并受到启发而不断地修改。

大学的6年中，我还是努力保持了自己的个性和对文学艺术的喜爱。最喜欢上美术课，包括素描、水彩、雕塑。图书馆是开架式的，建筑系的图书资料是好几个学校并拢在一起的，也很丰富。阅读和写生大概是我大学课外的主要天地，到现在我还在想究竟是课堂的教授还是学校的氛围熏陶抑或文艺的天分是造就一个建筑师的重要条件。不管怎么说，时至今日我还深深地怀念那6年的校园生活和老师们的言传身教以及同学们之间的友情和交往。

6年中我虽然作了努力，但始终没有入团，这种情况只有那个时代的人才会明白那种尴尬。到了设计院，往往开会后会让党团员留下来，我们少数人只好悄悄地退出会场。不能入团主要是我对造成三年困难时期的原因有看法。

在毕业分配的关键时刻，我对文艺的喜爱和个性把自己推向了一个今生无悔的境地。

1963年国家的经济形势好转了，毕业分配的方案对于大部分同学来说应该是很好了。班上四十多个人，北京有色、黑色冶金设计院就要15人，长沙院要11人，还有昆明、沈阳、鞍山、南昌、重庆等城市。但这些都是工业设计院，只有新疆要3人，是在民用建筑设计院。作为热爱建筑学的我，毫不犹豫地把新疆填写为分配的第一志愿，对于没人愿去的新疆，我的这一愿望当然很容易地实现了。

好多年后，有人问我到新疆后悔不后悔，我回答不后悔。高考的专业和学校，大学的毕业分配都是按我的第一志愿实现的。人生能有几次在关键的转折时期按自己的选择去做呢？如果要探究为什么这样选择，只有一个回答：就是我真心地热爱自己的建筑学专业，把它置于一种近乎神圣的地位，其他的如生活、物质等条件当时没有多想。

就这样，西出阳关，只带了20多公斤的行李，而且主要是书和水彩画有关的东西等。到新疆时回了一次家，离别时母亲含着泪说是最后一次见面。在火车上一位兵团农场的老头问我为什么去新疆，我说没考上大学要到新疆找工作，他一路劝阻我不要去，说太艰苦了。其实我当时幻想着，哪怕到一个小县城，经过几十年的自己的规划和设计变成一座美丽的城市就是最好的心愿了。后来我画了一张水彩画，名为"一个建筑师的梦"，那是天山雪峰脚下的一座城市，这个梦还是实现了，但不是我个人的功劳，自己仅仅起到了一些作用吧！

到新疆什么单位，当时我也不知道。报到时有两家设计院可选，兵团和地方各一个，我当时说去兵团吧，那位负责人说地方好，我就到了新疆建工局设计院了，而且一待就是50多年。

想到自己喜爱的建筑学专业和成果将在新疆特有的人文自然环境中实现，似乎我与这种环境有缘，也爱上了这里的雪山、大漠、绿洲、戈壁以及几千年来生活在这里的人。喜欢这种气质，喜欢她的辽阔和胸怀，所以很快就融入和习惯了。当然也不能放下阅读和水彩画。不管在农场、打井工地上劳动，还是节假日我都背着画夹到处去写生。这些年来新疆的大部分地方都去过了，而且是坐汽车去的。我喜欢一天一千多公里的驰驱，看茫茫戈壁，享受"千里暮云平"的遐想。在建筑创作的时候这一切就是时空和背景，它们是息息相关的，我不可能和这些脱离，它们是深深地植于灵魂中的。在与环境共鸣的同时，也尽力收集有关新疆历史和文化的书籍，可以说我的这方面的收藏比设计院的图书室要丰富。我是汉族人，不是穆斯林，但特定的环境里不得不去研究伊斯兰的文化尤其是建筑，后来出国方便时，到一个地方就搜集伊斯兰建筑历史的书籍。这些行为没有功利的动力，纯属爱好。如果不是因为自己的文艺气质和对建筑师的职业爱好，仅仅是一个今天人们眼中的建筑师而言，这一切都没有必要。在当今的中国不是有不少对中国的文化和环境不了解的大腕外国建筑师也照样风头很盛吗？但新疆对我来说，是生命中的组成部分，所以在自己的建筑作品中是自然地流露，没有刻意地去造作。

也经常想，如果自己当年不是到新疆来，到另外一个地方又是怎么样？当然前提还是可以建筑创作。依着自己的性格和爱好我想还会凭着建筑这只船热爱那块土地和人文，把自己融入。到那个山唱那个山歌，如果是一片云就在那里飘浮，化解成为水分流入土地；如果是一注流水，也会在那里万物的生命里产生不同于别地方的形色。行云流水虽无定处，但会在不同的地方注定因果。何况重大的选择是自己做的，有什么可后悔的呢？

当然，也有我自己没有去选择的事，那是1984年的11月，我从北京出差回来，一下车别人就告诉上级要我担任设计院的院长，我说不可能，因为事先从来没听说这回事，自己又不是党员，也没当过副院长。但当天就被叫去谈话，而且任命文件都印好了。我说自己还是喜欢专业工作，又没行政工作经验。那位领导说这是经过考评和投票的结果，让我先试试，实在不行再说。这样我只好试试了，而且一试就是16年！据说这在全国是在职时间最长的院长了。另一方面，我说试试也有一定原因，就是对设计院的发展有一些自己的想法。设计院的整体建筑创作水平提高了，也是自己的心愿。还有一些平台如和国内建筑界的优秀人士结识，对自己的帮助很大，尤其一些学术会议包括国际会议更加深了对建筑的认识。何况我多次给上级和班子强调自己的精力是三三制，即三分之一管理，三分之一做设计，三分之一做研究，也得到了各方的支持，好多事情是副职和助理去做。这样凭着自己的爱好和信念，基本没有放弃建筑创作与理论研究。

但在另一次人生的重大选择上，我坚决地作出了决定。上级和自治区主席找我让我离开设计院担任高一级的行政职务，这次我毫不犹豫地拒绝了。我给主席说，设计院是水我是鱼，我离不开设计院这个地方，希望主席和上级能理解我。由于主席和我在设计院一起工作过十几年，他表示可以理解。这样就解救了我，不然我今天就是一个退休了的行政官员，远离了自己一生的喜爱和追求，这是无法想象的。

1999年12月我终于被免去了院长的职务，成立了自己的工作室。正如一位老领导对我说的，这下你可以完全做你自己喜欢的事了。是啊！这是多么庆幸的事。如今已有15年多了，这15年是自己争取来的，是自己在建筑师道路上丰富多彩的15年。我没有像有些人说的去"安度晚年"，而是向自己的目标冲刺。记得1993年吴良镛先生问我对自己的专业有什么计划，我说感到时间很紧迫。吴先生说，你还紧迫，我才紧迫啊！这话使我汗颜，20多年过去了，其实是可以做很多事情的，去年11月在工程院的一次会上见到吴先生还很精神，这20多年吴先生在建筑、规划和教育的领域作了那么多的贡献。看来只要执着地去追求，紧迫感可以促使人更加努力。从院长位置上退下来的这15年我没有虚度，一些重要的建筑作品和论著也是在这段时间里完成的。其实并不是我想着如何去发挥余热为社会作贡献，只是骨子里的人生态度和对专业的挚爱推动着自己在不断地探求。我说过自己是一个一生中不断思考什么是建筑的人，就像有人喜欢下棋，有人喜欢练书法，没什么功利的目标。但这种内在的追求更胜于功利的推动。

正因为我没有宏大的目标，只是随着秉性和感觉去生活和工作，所以也没有头悬梁锥刺股拼搏，自己的生活还是多彩的。在乌鲁木齐的南山有自己的"山居"，虽然简单，但也有花园和果木，可以爬山，可以去河谷游荡；水彩画也没有放下，2013年出版了画册，副标题就是"新疆五十年"；这两年又开始了书法课，经常沉醉于黑白方寸之间；既有三朋四友品茶饮酒，也会静静地坐听天籁；用微博的方式写下了十几万字的对建筑的思考，现以《建筑微言》为书名与读者见面；2014年还出版了《绘读新疆民居》及《喀什高台民居》；自己也常常在网络空间里出现，QQ空间、微博、微信都有涉猎。就像自己在网络空间里的名字"眠云"一样，随心，随性地在文化、建筑、哲学的天地里漂浮和流动。

这些大概是作为一个建筑师生活的另一个侧面吧！熏陶、本能、机遇，对职业的热爱和执着使得我像行云流水一样走着人生的道路。这里没有豪言壮语和雄心壮志，只有娓娓道来的流水账，但我更看重这些。自己的爱好和追求与建筑师的专业不可分地融合在一起，从这方面说应该是幸运的了。

2016年12月于乌鲁木齐

目 录
CONTENTS

前言 /IV

作者感悟　行云流水 /VII

第一章 /001
巴洛克与当代建筑

第二章 /073
对建筑的不断认识

第三章 /121
变化与建筑

第四章 /141
建筑与普世

第五章 /151
地域乡土民居

第六章 /161
城市与园林

第七章 /181
有关建筑的人、物、事

图片来源 /219

第一章
巴洛克与当代建筑

1-001 毕尔巴鄂古根海姆
博物馆中央大厅※1

1-002-1 迪拜塔建成时的
焰火※1
1-002-2 圣彼得大教堂的
内景※（自拍）

1-001 我想写一篇文章:《巴洛克的狂欢时代》,不仅仅是带有很多相似之处,不管是正面还是负面的。巴洛克一词既不是贬,也不是褒。巴洛克建筑在建筑史上辉煌过,不可能被抹杀。

1-002 巴洛克建筑的产生无疑与社会财富的积累有关,人们已不满足于文艺复兴建筑的理性与严肃。但大量财富掌握在教会与权贵手中时,巴洛克建筑便成了炫耀权威、慑服人心的形象大使。

1-003 伯尼尼著名的雕塑"圣女特丽莎"可以说是用三维空间表现了巴洛克建筑空间和艺术作品之间的综合效果,形成了迷幻、深远的情景,尤其对光线的利用令人惊叹。所以教皇乌尔班八世说:"伯尼尼需要罗马,罗马也需要伯尼尼"。这使我想到了一位著名的电影导演。

1-004 巴洛克建筑追求戏剧性的表现,有的甚至成为舞台演出,还有机关布景、变戏法等等。但注意,这不是今天的娱乐。

1-003 伯尼尼著名的雕塑※
（自拍）

1-004-1 圣彼得大教堂内
圣坛和华盖※2

1-004-2 圣约翰·尼波穆克教
堂内部的戏剧性登峰造极※2

I-005 17世纪在欧洲是一个动荡的年代，天主教教会反宗教改革不惜采用任何手段，加之哥白尼学说的胜利，新大陆的发现使欧洲社会普遍存在着怀疑、不安全、探索的现象。人们的信仰动摇，追求享乐及世俗之欢。尽管上帝是绝对的权威，渺小的人还是"会思考的芦苇"。所以，巴洛克建筑在追求变化中犹如风中的烟云。

1-005-1 哥白尼的日心说※1
1-005-2 哥伦布发现新大陆
※1

I-006 在文艺复兴和巴洛克建筑之间还有一段矫饰主义，或称风格主义。那是一种充满疑虑与不安的时期，有点像今日的后现代和解构。它可以把文艺复兴的建筑构件和元素任意组合。它促生了巴洛克，但精神层面恰恰背道而驰。在我国当前，矫饰主义的影子处处存在，欧陆风、西班牙风，近年又是托斯卡纳风。

1-006 萨克森科尔迪茨堡的大门※1

I-007 20世纪下半叶很像17世纪的欧洲，量子力学、非线性、模糊，对达尔文主义的挑战、艾滋病、越南战争、水门事件等使得人们从天赋人权的呼声中尼采喊叫"上帝死了"而转向后现代的"知识分子死了"。世界在一些人眼中变成了毫无关联的"碎片"，理论、表达都成了问题。人越来越自我，建筑创作也陷入了"困境"。

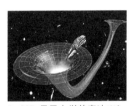

1-007 量子力学的表达※1

I-008 在变化、变革的时代，想要形成系统的、指导性的所谓理论几乎不可能。动态的、片段的感悟也许更好一些。建筑师们虽在困境，但眼界、时空和17世纪大不一样了。新巴洛克的舞台扩展到几乎无边际，但仍有限。

1-008-1 碎片的世界※1

1-008-2 碎片的哲学※1

1-009 德国的宗教※1

1-010 米开朗琪罗的雕塑：
《晨、昏、昼、夜》※1

1-009 矫饰主义的建筑是消解、扩散式的，而巴洛克则是由周围集中向心式的，因为时代不同了。16世纪在欧洲是宗教改革与天主教反改革的动荡时期，人们对宗教、政治、科学普遍产生了疑虑；而巴洛克由于天主教教会的胜利并对世俗民众放松控制得到了更宽松的显示空间，但它毕竟是对胜利的歌颂，崇拜豪华和权力。

1-010 帕斯卡尔的"人是会思考的芦苇"一说有几层意义：一是相对宇宙和上帝人是渺小的，是蝼蚁、蜉蝣；二是人是有思想的，不能去愚昧他们；三是每一根芦苇就是一个世界，可以放大，追求无限。巴洛克是复杂的，实际上矫饰主义之前，米开朗琪罗就开始涉足了。为此，在佛罗伦萨我特意看了《晨、昏、昼、夜》和洛伦佐图书馆。

1-011 也许有人会问为什么对巴洛克感兴趣，实际上是感到当今世界的建筑行为和巴洛克有相似而又有很大不同的表现。但不把巴洛克的关键词说完，也很难作比较。例如文艺复兴、矫饰主义、巴洛克之间的二百来年，建筑技术和材料并没有多大的变化，而近百年的变化太大了。我重点将要说的是巴洛克之魂的当代表演。

1-011 这些建筑虽然和巴洛克建筑不同，但灵魂里有相似之处※1

1-012-1 被倒置的建筑※1

1-012-2 巴塞罗那的一座办公楼※（自拍）

1-013 这两座圣英挪吉欧教堂的天花突破与瓦解了建筑空间，强调了反引力的飞升感※3

1-012 巴洛克建筑最初被认为是一种不按常规出牌、动荡奇异的风格。哥特式也被赋予野蛮、不开化的贬义。历史不仅被置于搁架中陈列，更重要的是要问：人们为什么不屈不挠地做如是追求？当然，教会、权贵、财富是滋生巴洛克风格的土壤，但仅此理解是不够的，不然何以解释柯布西耶在朗香教堂中的表达？

1-013 动荡中的统一，这大概是对巴洛克艺术一种比较妥帖的形容。宇宙、星空都在运动，人的眼界从未如此开阔过。在信仰与上帝的召唤中，艺术家们为了神、世俗，当然还有不菲的金币，目标一致而手段各异，但都被呈献于祭坛之上。如此鲜活，既神圣而又媚俗，想象力丰富但又不怪异，给宗教增加了凝聚力，多好！

1-014 椭圆是巴洛克建筑空间最常见而又最独特的形态。壮阔的场面需要制作更宽大的视觉效果，在某种意义上更易造出3D情景。再加人们已经破除了"地心说"之后，简单的方圆束缚不了层叠围绕、旋转的星空之奇。在得到教会的许可后，艺术家们、建筑师们开始在石材的受力所许可的范围内尽可能地转向曲线和曲面。

1-014 在巴洛克建筑中椭圆是一切构图的母体※3

1-015-1 伯尼尼 1-015-2 伯尼尼在罗马那沃纳广场的四河雕塑
的雕塑※1　　　※（自拍）

I-015 巴洛克建筑的巨匠们如伯尼尼、波罗米尼等在他们的作品中都在追求一种超越物体之外的力量和精神，使得他们能紧随着米开朗琪罗进入伟大的艺术家圣殿。这种追求和后来的启蒙运动遥相呼应：对会思考的芦苇的关注，对超越神权、君权的精神和力量的探求。可惜，这一点在研究巴洛克的时候经常被忽略。

1-016 在中国的大地上模仿到处都是※1

I-016 巴洛克后，洛可可、古典主义、浪漫主义、折中主义，一直到20世纪上半叶出现的现代主义约200年的时间内，虽然古典主义是主流，但建筑的形态却是五花八门，这些建筑的"样式"也从教堂、宫殿、官邸被移植到街道上的店铺，有点钱的人家的宅院，成为一种潮流。虽是大杂烩，还被贴上欧式、巴洛克风等标签。

1-017 爱因斯坦与霍金※1

I-017 从学术意义上讲，巴洛克建筑并没有死亡，尤其对那些以非理性对待建筑和创作建筑的人来说，想象的翅膀仍然翱翔但不是为了上帝和教皇，而是为了"人"自身。作为一种精神的探求，人类在历史中就没有停止过，爱因斯坦、霍金和大众的思考相对而言，已经走得太远了，而他们为谁服务呢？全人类就是他们的神。

I-018 一批批同胞在卢浮宫一般要被带到拿破仑加冕式的那幅超大的油画前被告知拿破仑抢了皇冠自己带上，但重点是他给约瑟芬加冕的细节以及艺术水平等。很少有人提及达维特这位拿破仑的崇拜者，转移历史画面，讨好皇上，贬低教皇。用极高的艺术水平，让拿破仑光芒四射！好一个"理性主义"画家的代表者达维特！

1-018 拿破仑加冕油画※1

I-019 建筑史中有些常识性的事情往往被人忽略，其中最常见的是没有阿拉伯帝国的建立，古希腊的文明就可能被失落；没有拿破仑远征埃及，那些壮丽的神殿大概会被沙漠深埋；没有西班牙、葡萄牙人的进入南美，玛雅文明会被树木和藤萝摧毁。在欧洲很多著名的城市里的方尖碑，不少人还不知是从埃及掠夺来的战利品！

1-019-1 阿拉伯帝国的版图※1
1-019-2 玛雅文明被发现※1

I-020 对艺术史的研究，欧洲也就200年来吧。我主张在我国中学教育中增加艺术史，看来这和应试教育不相容。但要以文化立国，怎能不讲艺术史呢？又怎么认识什么是文化呢？看看当前我国建筑界、建筑商以及有关方面对建筑史了解的程度，很不乐观。不然在欧美已经消失了的"欧陆式"怎么会在中国会流行呢？

1-020-1 拉斐尔的壁画"雅典学院"※1

1-020-2 中国中学还没有《艺术史》的课※1

1-021-1 2011年在卢浮宫展出"康熙大帝"※（自拍）

1-021-2 太阳王路易十四的雕像※1

1-022 巴塞罗那的圣家族教堂※（自拍）

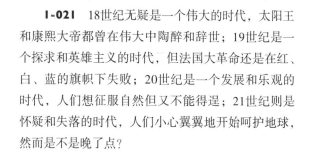

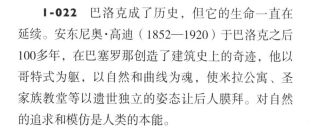

1-023 米拉公寓外观和内院※（自拍）

1-021　18世纪无疑是一个伟大的时代，太阳王和康熙大帝都曾在伟大中陶醉和辞世；19世纪是一个探求和英雄主义的时代，但法国大革命还是在红、白、蓝的旗帜下失败；20世纪是一个发展和乐观的时代，人们想征服自然但又不能得逞；21世纪则是怀疑和失落的时代，人们小心翼翼地开始呵护地球，然而是不是晚了点？

1-022　巴洛克成了历史，但它的生命一直在延续。安东尼奥·高迪（1852—1920）于巴洛克之后100多年，在巴塞罗那创造了建筑史上的奇迹，他以哥特式为躯，以自然和曲线为魂，使米拉公寓、圣家族教堂等以遗世独立的姿态让后人膜拜。对自然的追求和模仿是人类的本能。

1-023　在巴塞罗那我参观了圣家族教堂、米拉公寓、巴特罗公寓和古埃尔公园等高迪的代表作。我一直想弄明白他为什么要这样做？他把建筑当作纯粹的艺术品对待吗？还是人类的先驱者对未来世界回归大自然的心灵感应？前无古人，后无来者。也许永远是个谜，但对自然和曲线美的追求表现得痛快淋漓！

I-024 柯布西耶又是一位怪杰。他比高迪晚出生了35年，作为现代主义的奠基人和一代宗师，人们说得已太多了。我感兴趣的是他在朗香教堂中对曲线的追求，他在背离现代主义！去年为此我专门询问了巴黎贝勒维勒建筑学院的朋友，柯布西耶晚年常去的非洲的聚落木扎村在阿尔及利亚。他去朝拜什么？

1-024-1 阿尔及利亚的聚落※1
1-024-2 朗香教堂※1

I-025 生于1929年的弗兰克·盖里用现代的材料、计算机设计技术创造了飘逸、动荡的功能性建筑空间，在西班牙毕尔巴鄂的古根海姆博物馆的出色表现使他站在世界建筑师的顶尖。于是，钛合金、波浪式的飞翻几乎成了他的一切。没想到2011年的一场世界上最难看的十大建筑的评选中，他的西雅图音乐体验馆终于榜上有名。

1-025 毕尔巴鄂的古根海姆博物馆※（自拍）

I-026 从巴洛克的伯尼尼、波罗米尼，上溯到米开朗琪罗，又提到了达维特、高迪、柯布西耶、盖里，因为我的本意不在此。有一个外国建筑师的大名几乎呼之欲出，但我还不想提到此人，尽管在中国被一些人崇拜并因在一起工作过为荣，但也只是在中国这样的建筑文化背景下发光而已。

1-026 日本建筑师联合抗议扎哈设计的2020年奥林匹克体育馆※1

I-027 建筑师作为一种职业，一个最大的特点就是为金钱和权力服务。凡·高可以穷愁潦倒割耳朵、发疯，徐渭竟会杀妻，高更去了海岛和当地土人结婚，米勒的日子也好不到哪里，但他们都是伟大的艺术家。建筑史上除了高迪，有名的都发了财：米开朗琪罗都数不清自己有多少钱了，北京T3的设计者福斯特富有并被封爵。

1-027-1 高更在海岛上和土人在一起※1

1-027-2 徐渭※1
1-027-3 凡·高※1

1-028-1 李祖原的作品：方圆大厦※1
1-028-2 北京东郊的福禄寿酒店※1

I-028 能够找建筑师设计建筑的人，哪怕是一幢住宅，也要花不少银子。何况，绝大部分人还是从开发商手里买商品房，还得被砍一下。建筑师们为社会服务的口号，要通过开发商，通过具体的"业主"来实现。业主可能代表国家、大老板、企业、社团，但他们都是具体的人，还掌握着大把的钱。建筑师必须听他们的才行。

I-029 如果一个心术不正、自我狂妄的建筑师恰恰被某一个（或一群）掌握钱、权的人看中被委以设计重任，他无视浪费金钱，无视破坏环境，无视民生，无视文化和人文，只求引起轰动，甚至拿国家的钱财"开个玩笑"，这难道不是很可怕的事吗？而这种事在我国能够出现，说明了什么？无独有偶，迪拜也在干这种事情。

I-030 10年来，我三次去过迪拜，最近一次是2010年元月，也就是迪拜塔（后改称为哈里发塔）刚开业的那个月。时值迪拜经济危机，怪异、超常的建筑现象使人迷惑。从专业眼光评价，那些林立的超高层建筑设计水平并不高，但他们想要显示的是"金钱"，能永远撑下去吗？这沙漠中的狮子或羚羊，拼命去奔跑吧！

1-029-1 迪拜的钻戒旅馆※1
1-029-2 迪拜的疯狂建筑※1
1-030 哈里发塔建成后的迪拜市中心※1

I-031 原本，以为把巴洛克的关键词简要地说完就可以进入对当今建筑现象的评论，但误入了一个怪圈，跳不出来。就如文丘里所说，建筑是复杂和矛盾的，看来，还得迂回前进。想到每次全国性的学术会上，最大的收获就是和老朋友相逢，但会上讲些什么，印象不深刻。建筑师们说归说，但要做起来制约和限定太多太多。

I-032 当罗马人在地中海沿岸为非作歹、欺压民众时，传说上帝派救世主出现，基督教以秘密传教的方式流行。在罗马统治者对基督徒残酷地迫害和镇压中，信徒的活动转入地下，甚至在下水道里，还能谈什么教堂呢？直到基督教的势力不断壮大，皇帝们认为可利用时，君士坦丁颁布了米兰赦令，教堂建筑才得以登堂！

1-032 罗马人对基督徒的迫害※1

I-033 众神倒了，变为神话传说，走上地面的基督徒们，来不及修建教堂，就利用"巴西利卡"开始了庆祝和举行宗教仪式。皇帝们也加入了，目的是想通过上帝巩固权力。然而长期被压制的宗教狂热，把教会、教皇推向了顶峰，终于皇帝要听教皇的，于是欧洲建筑史上新的一页开始了：教堂成了主角，并延续了千年以上。

1-033 米兰大教堂印证了基督教的不断壮大※2

I-034 罗马帝国分裂，君士坦丁一世建新都于君士坦丁堡，东罗马帝国即后世所称之拜占庭帝国，欧洲黑暗的中世纪来临了。大地上除了封建主的城堡、修道院，巨大的高耸入云的教堂压倒了一切。继罗马风之后，哥特式教堂在连续帆拱、飞扶拱的新技术支持下，建筑高度创历史纪录的同时表达了人对天堂的向往！

1-034 科隆大教堂※1

1-035 民族大迁徙地图※1

1-036 南禅寺大殿※1

1-037 水彩画：滑雪场的记忆※
（自绘）

I-035 几千年建筑空间的演变，比不上近百年。据说是中国促使了罗马帝国的灭亡，当年咱们中原政权迫使匈奴人西迁，导致亚欧民族大迁徙，野蛮的哥特人被迫南下，把罗马皇帝赶到了君士坦丁堡。那年真有几个匈牙利的朋友来对我说来寻宗呢！

I-036 一百多年前的几千年内，人们建造空间时，从远古自然状态的非线性为求得更大的发展但必须屈服于地球吸引力，在倾斜和倒塌的教训中力求将建造地重量垂直传到地面。但对自然曲线的追求总在顽强地出现：巴洛克、高迪、柯布西耶，唐代五台山佛光寺大殿屋脊曲线和悬挑的飞檐都表达着人对自然本能的感应，自然啊！

1-038 萨伏伊别墅和纽约古根海姆博物馆、流水别墅才是"现代主义"建筑的部分典型代表※1

I-037 世界上没有直线，建筑一样，不信把它放大若干倍。昨天画了张画：滑雪场的记忆。曲线！

I-038 为了说当代巴洛克的狂欢，力求以最简的方式评述了有关建筑史，但还没有接近正题。因为微博里的浏览者不一定是学建筑的。我在微博中提到的"现代主义"、"现代建筑"是历史名称，有其明确的界限，与当代无关，当代是指最近二三十年的区段。唯后现代和建筑空间结构体系的出现为转机，一些建筑师们才疯狂起来了。

I-039　当代建筑就在这样一个历史背景下进入了新发展，尤其中国成了世界最大的建筑工地，新型发展国家兴起，石油国家暴富，信仰缺失、价值观消解、金钱第一、人性扭曲、个人至上的同时，思想空前活跃，创新能力大增，财富积累集中，科技高速发展，在这种环境中下，建筑活动迎来了新高潮，新巴洛克出现了。

I-040　"新巴洛克"是我这几年心中无意冒出的一个词，大概是从2008年开始的吧。几百年前的建筑史好像很难与今天的建筑联系起来，但新巴洛克几个字老在心中挥之不去，为什么呢？2004年5月，我在伊斯兰堡的一个酒店里得到了一本纽约的《时代周刊》，5月13日刚发行的。封面引起了我的注意，英文的大字是"China's New DREAMSCAPE"，图面是在一片中国传统的风景和建筑中冒出了库哈斯的央视大楼（俗称大裤衩）、貌似鸟巢的体育场等新建筑，英文是"中国的新幻景"，其中提到了库哈斯。

I-041　回国后我们把那篇最重要的文章以《雄心勃勃》为题翻译过来并刊登在我院的学刊上，文中提到一个作品总不能在本国实现的美国建筑师在中国的体会："在美国，像我这样的设计不可能付诸实施……但在中国，我觉得任何事都是有可能的。"后来，这个如悬崖峭壁似的建筑还真被建起来了。这是为什么？

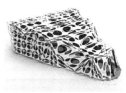

1-039 对这些建筑我不做褒贬，只说明这种建筑现象大量出现※1

1-040《时代周刊》封面※（自拍）

1-042 库哈斯和央视大楼
※1

1-042 那篇文章对库哈斯及央视大楼的具体介绍不提了，只是有几句话值得在这里转述一下："库哈斯不过是利用国家权力和资金结合的有利条件实现自己艺术野心的投机主义者。"他的一位朋友提出："假如库哈斯在70年代为智利的皮诺切特设计电视台，世界会有什么反应？"当然，这仅仅是国外反对者的看法，但引人深思。

1-043 至于库哈斯和新巴洛克有何关系，以后会提到。对他，早些年我对他很有敬意，1986年在东京看了后现代第二次的展出，认为他很有思想，但只是纸上谈兵（那次展出的作品由胡惠琴教授和我编译成《后现代建筑佳作图集》在国内出版）。后来他在波尔多一个仅500平方米的残疾人住宅设计让我非常钦佩，但"大裤衩"令人失望。

1-044 库哈斯设计的波尔多
残疾人住宅※4

1-044 纵观库哈斯的作品，想象大胆，但在欧美国家很难实现。如他的巴黎图书馆方案，因为那是要花纳税人更多的钱，决策者有顾虑。波尔多住宅是私人自建，主人满意，多花点钱问题不大，但他的确独出心裁地用杠杆式的悬挑和后拉的结构为残疾人绞尽脑汁，获得了好评，成为当年时代周刊评选出的世界十大设计之首。

1-045 豪华的政府办公大楼
※1

1-045 现在可以看出库哈斯和巴洛克的一处共同点了：央视大楼和巴洛克教堂都没有花某个私人的钱，都在展现伟大、震撼、戏剧性的场面。但库哈斯忘了这是中华人民共和国，你花的理论上都是国库的钱啊！决定采用库哈斯设计的几个人想到了这是人民的钱吗？你库哈斯当年为地球、城市担心，怎么不为中国国库担心？

I-046 库哈斯要挑战地球引力，要反摩天，可以去找石油大亨、私人老板。在并不富裕的中国干吗呢？你还煞费苦心地解释给央视大楼里提供了给普通老百姓可共享的"公共空间"，把我们看得太傻了。谁不知道，电视台在我国和很多国家是要重兵把守的，你搞了那么多的无用空间却用了"开放、亲民"来掩护你的死穴！

I-047 至于我不想说的那个大裤衩的"性联想"，库哈斯以沉默和玩世的态度不去否认。但只要有联想能力的人都会想到。尤其配楼失火后，人们才知道大裤衩下还有那么一座楼和大楼是一个整体。如果你是无辜的话，那就太偶然了。在实物模型、电脑三维图里，作为总设计师，会视而不见？

I-048 巴洛克建筑主要为教会和教皇服务，为上帝服务，为他们创造视觉、感官、心灵上的刺激，去诱导、征服、迷幻，使信徒们膜拜、崇敬，感到人的渺小，相信赎罪和升入天堂。在那个时代，没有报纸、电视、广播等手段，对上帝的信仰便通过巴洛克建筑师们的手营造辉煌、诱人的空间增加凝聚力，保持社会稳定。

I-049 上帝并不对这个地球上的人与社会负任何责任，灾难、战争、疾病都与它无关。老子说："天地不仁，以万物为刍狗；圣人不仁，以百姓为刍狗。"其实上天没有什么仁不仁的，世人都把一切喜怒哀乐、悲欢离合、生老病死、天崩地裂归之于"命运"而无奈的话，巴洛克的建筑的确发挥了作用。

I-050 我无意攻击巴洛克的建筑师，在那个历史时期，除了部分僧侣，大多普通老百姓还是虔诚的基督徒。包括伯尼尼、波罗米尼，他们为宗教献出毕生精力，当然也得到了应有的报酬。但如在今天，一个根本不相信上帝的人，为了银子，为了出名，装出虔诚的样子来设计教

1-050-1 伯尼尼※1

1-050-2 波罗米尼※1

堂，那就可笑了。你完全可从职业角度去做。

I-051 巴洛克建筑的基本特点是：1. 全心全意地为上帝和教会服务。2. 感受到人类对世界的新认识，思想较开阔。3. 尽可能地采用新材料。4. 创造一种"全息"式的舞台布景效果。5. 非理性地用向心式的动荡曲线、曲面和椭圆。6. 表达了对人的关注和对自然形态的追求。7. 和当时社会其他领域的思想共鸣，相互影响。

I-052 既然我杜撰了"当代巴洛克"这个词，必然就要和巴洛克的特点比较。前面我提到了7点，可以看出当代建筑创作在好几个方面有相似之处，也可以明白我对巴洛克并无恶意。但我着重的是"狂欢"二字，什么事过头了就会走向反面。狂欢有非理性的一面，这也是一把双刃剑，为了说明问题，又得迂回到建筑的本原。

I-053 达尔文的理论受到了质疑，但在一定时空区段，进化论还在解释自然和物种的变化，也就是说，现在所有的物种的形态是在变异、遗传、适应、竞争的过程中形成的。值得注意的是，我们所看到的自然物种都是曲线和曲面。这没有什么好奇怪，因为在竞争中它们磨去了任何多余的部件和形

1-052-1 "当代巴洛克"建筑※3　　　　　　　　1-052-2 经典的巴洛克建筑※3

态，是生存的最佳形态。

I-054　物种各异的曲线和曲面，在亿万年的生存竞争中是最佳选择，就如人的脑袋为什么会长在脖子上面一样，这是人类进化到今日的最为有利的成果。进一步说，曲线和曲面是适应环境的最好形式。那么建筑呢？它远远落后于自然，因为它的发展史和自然发展史相比，时空的差距太大了，甚至于比不上今天大部分的生活产品。

I-055　今日很多物品已摆脱了直线束缚，如飞机、汽车、火车、计算机等，哪怕一个小小的打火机也是曲面构成。何况如飞机等，为了追求最佳的速度和效益便向鸟类学习，进入了仿生的境界，这是必然的。比起自然来，人类还很幼稚，仿生仅仅是开始。假如今天人们在马路上看到如建筑方盒子

1-053-1 达尔文的进化论
※1
1-053-2 人真的是猿猴变的吗？※1

1-054 建筑比起物种和器具形态还很粗糙※1

1-055-1 仿生的建筑与汽车※1

1-055-2 仿生的建筑与飞机※1

1-056 中国美术馆的两个设计方案※1

那样的汽车，定会惊诧不已。

1-056 进入到巴洛克的正题时，前天媒体报道了中国美术馆设计方案的竞选已到关键时刻，入选的四个方案全是世界级的大师：弗兰克·盖里，扎哈·哈迪德，让·努维尔，萨夫迪，分属英、美、法、加。盖里和扎哈成为我眼中的当代巴洛克大师理所当然。但对让·努维尔充满敬意，萨夫迪的立方体的搭建也惊世骇俗。

1-057 让·努维尔的方案※1

1-057 如果以我对他们的评价，结合中国的实际，我希望中国美术馆让·努维尔中选。要是扎哈，真主保佑，这位伊拉克裔的女强人。当然，最好是中国大师作品被看中（注：后来选中的方案果然是让·努维尔的）。

1-058 远古人类居住空间因为不大，材料也有限，用自然形成的树干、草木、泥土、石头搭建、堆砌而成，维护是最主要的功能，重力的传递次要，所以建造容易还能抗震。后来随着需求不断地扩大，建造空间趋向大而复杂，建筑的重量传递就必须遵守万有引力法则，整体荷载必须垂直传向地面，克服这种困难用了几千年。

1-058-1 埃及神庙的石头搭建※（自拍）

1-058-2 鄯善吐峪沟土块的搭建※（自绘）

1-058-3 喀什民居中木材的搭建※（自绘）

I-059 近几十年建筑技术和材料迅猛发展，加之计算机辅助设计和更先进的参数设计，几年内，设计软件和施工水平使得在一定的范围内建筑空间和形象基本上可以任意塑造。像一朵花，一条鱼，波浪形、扭曲成各种各样的形态都可以以建筑的名义出现。工程师在其中起的作用大过了建筑师，连小孩也可以建筑创意了。

I-060 建筑技术落后于飞机、火车、汽车、火箭、飞船，但这些年明显地在追赶，虽没有仿生的需要，人类追求自然的天性依然在。于是在一些前卫的外国建筑师的带领下，仿生、编织、塑造等非线性的建筑纷纷出现，成为一种时髦。个性的张扬在外国人眼中算不了什么，但在中国他们的实验却能实现，问题在于价值取向。

I-061 我不反对仿生，它是人类文化发展到一定阶段的对"自然"合理、细致、先进的学习。亿万年生存竞争导致了被仿自然物的适应和完美。就如麦秆中空受力的合理性，早被建筑中的空腹梁、柱模仿，大树的枝叶悬挑及随风摇摆是现代建筑稳定和抗震的借鉴，蜂巢用最小的面围成容积最合理的空间。在现代被应用，说明仿生早已存在。

1-059-1 盖里的在巴塞罗那的"鱼"※（自拍）
1-059-2 安得鲁的草图※1

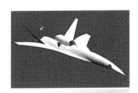

1-060 飞机和火车的仿生设计※1

1-061 芦苇、大树、蜂巢都可以成为仿生的对象，但是合理的进化结果※1

1-062 迪拜的这座建筑有什么功能的特殊需要？※1

1-062 如果建筑对奇形怪状的追求是为了更好用，或者为了精神功能的需要，表达一种积极的、有价值的隐喻与联想也可以理解。但若削弱了功能，浪费了大量的财物，并对环境造成了破坏，同时摧毁了中国文明的核心价值，只求怪异，揣摩业主的偏好，为独特而独特，这和仿生与追求自然完全背道而驰，背离了建筑的本原。

1-063 参数设计的齿轮※1

1-063 由于机械制造体量相对小，外观时刻在发生变化。"设计"两字从来不是建筑的专用词，但建筑和机械制造有共同的语言，就是设计美学。机械产品加工精细，组装成型，为了方便使用也不断改变造型，就如手边的鼠标，越来越好用，当然也有适合手操作的曲面及产品的商业与审美的个性。

1-064 经过参数设计的工业产品具有功能的曲线美※1

1-064 人体工程学的重要内容就是让产品符合人的各种器官的操作需要，一把镰刀把的形状和人的使用关系极大。汽车的前后灯也要符合照明效果和空气动力学的要求。而我们的建筑难道可以随心所欲吗？

1-065 从同学的微博中偷来一张印第安人长屋的照片，也是建筑的原型之一，当然不是方方正正的。

1-065 印第安人长屋※5

1-066 建筑方案竞选变成了谁的更特别、更绝，不然库哈斯的CCTV怎么会被看中？人们似乎忘记了对建筑的综合评价标准，在一些前卫"国际大师"带动下，进入了曲线、曲面的狂欢时代，好好的超高层大厦，非要扭几扭才好。

1-067 我无意反对曲线和曲面在建筑中出现，剧场顶棚的曲面是音响的需要，体育场弧形看台是视线的需要，圆顶、壳体是加大空间的手段。就如飞机的仿鸟类和流线型都是精确计算过的有利于飞行和安全的"形"，如果哪个疯子设计师非要无缘无故地将飞机翅膀像麻花那样扭上几扭，灾难就要来临了！那建筑的命运呢？

1-067 假如出现这样的飞机双翅，也是创意吗？※（自绘）

1-068 至于巴洛克的建筑师能否为市民和普通大众服务？那是不可能的。当时的画家们如鲁本斯、提香、维拉斯开兹、伦勃朗、卡拉瓦乔等人的题材都是宗教和权贵，尽管成本比建筑低，在矫饰主义和宗教改革失败之后，世俗、宗教享乐在他们的作品中有表现，但忠实于基督教的宗旨是不会改变的，更别为难花重金的建筑。

1-069 到现在为止，中国农民自建房屋基本还是不用建筑师设计，世界上有无穷尽的建筑也是如此。建筑师职业在中国20世纪二三十年代才出现。一直到80年代职称评定中只有工程师而无建筑师（现在可能还没有）。50~60年代，全国建筑学的每年的毕业生也就二三百人（老八校），谈不上为占人口大多数的农民服务。

1-068 画家提香、委拉斯开兹、鲁本斯如果不是为宗教和权贵作画，很难生活下去。※1

1-069 这些民居都不是建筑师设计的※1

1-070 纽约帝国大厦不是国家投资的建筑

1-071 佛罗伦萨市政厅，旧金山市政厅，美国国会大厦※1

1-070 建筑师的服务对象：首先就是国家，它还有民主、进步、极权、君主、宪政、暴君、独裁之分，不一一梳理了。越是先进的国家，其建筑与城市的资金投入越是取之于民、用之于民。但欧美发达国家所掌握纳税人的钱在建筑与城市中主要用于公共设施、环境改善等方面，建筑不是主要的国家投入的方向。

1-071 欧美发达国家很少再去建造巨大宏伟的政府办公楼了，美国国会大厦1800年使用，1814年基本成型，1867年最后定型已有二百来年的历史。佛罗伦萨市政府还在几百年前的市政厅办公。国家资金在建筑的投入主要是公共博物馆、图书馆等，重大事件如奥运会场馆等。要说明的就是这些项目中也有私人资金的比例。

1-072 另有一些国家，不管领导人叫主席、总统、总理、国王、酋长还是别的什么，大都是近几十年发了石油、资源财的。基本上属于极权国家。主要分布在中东、海湾一带。譬如两伊战争前的伊朗、伊拉克，还有沙特阿拉伯、阿联酋、科威特、卡塔尔等国家，财富掌握在少数统治者手里，成了欧美建筑师的香饽饽。

1-072-1 阿布扎比阿拉伯皇宫酒店※1　　1-072-2 新建阿联酋赛义德清真寺※1

I-073　美国的SOM事务所在20世纪七八十年代几乎垄断了中近东的建筑市场。在这里，"我"就是国家，石油暴富驱使他们大兴土木，显示财富、各种各样的新建筑在这片土地上涌现，为当代巴洛克做了开路先锋。后来由于连年战火，仅剩下沙特、卡塔尔和阿联酋不罢休，尤其是阿联酋的迪拜和阿布扎比风头更盛。

1-073 沙特阿拉伯的新建筑
※1

I-074　迪拜野心勃勃，石油资源衰竭便以金融、运输、旅游为目的，建筑在那里真正显现出新巴洛克的特色。尤其最近几年，除了824米高的哈里发塔带着巴别塔和萨马拉塔的隐喻直上云霄（沙特还要建千米之塔），帆船酒店算不了什么，各种奇形怪样的建筑，歪、扭、斜的高层、棕榈岛、世界地图等聚在一起，那个狂欢啊！

1-074 迪拜的狂欢※7

I-075　阿拉伯的君主们要通过建筑向世界显示他们的理想、尊严。狮子和羚羊的奔跑以建筑来表现最直接，它们是人对城市（对迪拜而言就是国家）的第一印象。其目的赤裸裸的，和巴洛克时代的教会、教皇一样：宣扬君主、国家、民族、宗教的伟大和雄心。虽然世界主流建筑师对它评价不高，但的确受到了关注。

1-075-1　迪拜亚特兰蒂斯酒店
※（自拍）

1-075-2 阿布扎比赛义德清真
寺※（自拍）

1-076 盖里的一些作品※1

1-077 王澍※1

1-078 2013年1月5日的座谈会※1

I-076 在欧美也有不少大而怪异的建筑，盖里的作品一直受到注意，一些不太出名的建筑师走得更远。但要说明，其业主大都是私人财团、大老板，还有各种各样的基金会，而不是国家。就是这些业主为了显示自己的实力，突出形象，震撼、压倒别人，多花一些钱不在乎，当然就有一些建筑师去迎合，和巴洛克的目的一样。

I-077 作为世界上最大建筑工地的中国，引起了全球的注意，在王澍获普利兹克奖的说明中，这个信息表达得非常明确。但目前中国的建筑创作鱼龙混杂，主要问题还是在为谁服务、建筑社会需求与形式的矛盾、建筑师整体素质不高、背弃职业准则等方面。2012年元月5日，中国建筑学会在北京人民大会堂为此召开了座谈会。

I-078 这次座谈会上，前建设部副部长叶如棠在讲话中提到："中国建筑文化离官场越来越近，离逐利越来越近，离浮华越来越近，离西化越来越近。""建筑活动失去了本应是社会多元主体共同参与的特性，更多地涂上了官方色彩，或者说过于倚重官方的审美偏好，建筑活动变成了行政行为。"这些话与我前面的评述有关。

I-079 中国当前的建筑活动中，谁是业主呢？首先是国家和政府。社会主义的制度决定了钱财的大部分为国有，或称全民所有。资金的高度集中有好处，即可以办大事，像举办北京奥运会、上海世博会、广州亚运会、深圳大运会等。但资金如果监控不力，甚至失控。不管是浪费或把它变为行政行为、官方审美，那就不好了。

1-080-1 中石油办公楼※1　　1-080-2 中石化办公楼※1

I-080　还有大量的资金掌握在中国特色的"央企"、"国企"手中，监督更难。全国，尤其在京央企的办公楼最神气了，当然也由比较有名的建筑师来设计。就这样，还出现了CCTV那样的大楼，沈阳方圆大厦由设计台北101大厦的李祖原来担当，我猜也是应业主的要求违心去做。大师如此，其他的人就更难了。

I-081　另外，由于城市急速地扩大，地方各级政府兴建的行政办公建筑也如雨后春笋一样出现。这些建筑的最后决定权也在政府领导手中，虽然也有认真听取专家及各方意见的，但也有一些是体现了领导的审美取向，不然，像美国国会大厦式的办公楼在中国怎么会出现呢？这种建筑的设计师只是投其所好而已。

I-082　在中国建筑活动中，房地产商和私人老板占了很大比例，在土地财政和高额利润的驱使下随着经济的快速发展和中国式城镇化的步伐，房地产开发商迅速地占领了全国大小城镇，在史无前例的开发规模下，城市规划管理显得十分苍白，于是什么"欧陆式"、"托斯卡纳"风泛滥，老板们的价值、审美取向成了主宰。

1-081-1 貌似美国国会大厦的办公楼在中国不少了※1

1-081-2 厕所也是国会大厦式※1

1-082 所谓的"欧陆式","托斯卡纳"住宅式在全国泛滥※1

I-083 就在这样的背景下，中国建筑出现了极其怪异的现象：无意义的扭曲和怪异，什么酒瓶、靴子、福禄寿三星、元宝、龙头样子的"建筑"纷纷登场。可惜，真正有价值的创新并不多，很多是跟风、克隆、模仿。"现在又刮起了迪拜式超高层风、盖里扎哈式的非线性风、迪士尼的卡通风。"（引自宋春华2012年元月5日讲话）

I-084 从当代巴洛克和古典巴洛克的比较可以看出当代世界上相当大一部分区域的建筑师们在为权力和金钱服务，和古典巴洛克为上帝和教廷服务相似，其特点是震撼和浮华，对形式的追求掩盖了一切。这就可以明白为什么很多欧美的建筑师纷纷涌入迪拜和阿布扎比，扎哈在中国的风头正盛。

1-083 当代中国建筑的奇形怪状※1

I-085 我想写的"当代巴洛克的狂欢"，快上万字了，下面还有更多的要写。首先要说明"当代巴洛克"是我的杜撰。它并不是指某几个或一群建

1-084 阿布扎比的一些建筑表现了金钱的力量※1

筑师，更不用说是一种流派，只是为了说明问题，才用了这个词。连世界公认的"后现代"建筑师，也有自己不承认的。我只评论现象和作品。归纳、分类，这种方法早就陈旧了。

I-086 工业革命虽然给人类带来了史无前例的发展，电话、电灯、火车，蒸汽机、飞机、摩天大楼忽然在百年左右出现。人类这时过高地估计了自己的力量，人类英雄主义抬头，人类沙文主义滋长，理性高于一切，谁知道大错特错了呢？

1-086 人类沙文主义的抬头※6

I-087 工业革命时期的人习惯于线性思维，但艺术家却走到了前面，尤其是绘画。印象派、立体主义、抽象派、达达派层出不穷，凡·高、毕加索、达利、马蒂斯等已经开始反思。而建筑师们从包豪斯开始还在做大建筑主义的美梦。虽然柯布西耶晚年已悟到了什么，但毕竟陷得很深，依然在梦想"未来都市"！

I-088 这就可以回答为什么柯布西耶晚年要去北非木扎村的聚落里去寻找灵感和建筑的本原的原因，其实在朗香教堂已经表现了他对现代主义的离心。人类建造了钢材玻璃、混凝土的高楼大厦并不是人的由衷，就像一个怪圈，人离不开城市，但城

1-087 凡·高、马蒂斯、毕加索、达利已经追求对理性的反叛，但不是建筑※1

1-088-1 柯布西耶的朗香教堂内景※1
1-088-2 柯布西耶"明日城市"的设想※1

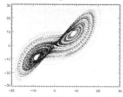

1-089 非线性、混沌、霍金的理论使得世界看来更复杂 ※1

市病也折磨人；城市越大，问题越大，还又要让城市更美好！出了什么问题？

I-089 由工业化到后工业化时代也就不到200年吧，从20世纪五六十年代开始由于人类对宇宙万物认知的爆炸式地扩大。爱因斯坦的相对论、混沌学、非线性学、量子力学、基因学的先后出现以及霍金的理论、黑洞、反物质等使人们对那种简单的非此即彼、由此及彼、因果明确的线性思维转向模糊性的思考。

I-090 世界变得复杂而难以预测，事物越来越模糊，预言家纷纷败走，"蝴蝶效应"使世界上的当政者往往措手不及，小心翼翼。下一个轮到谁呢？复杂的突变猛击着高瞻远瞩。理性和非理性相互转化，不可思议的事层出不穷，瞎子摸象的寓言还要加上一句，他们摸的是大象吗？这个世界，从来没有如此不清晰又更清晰。

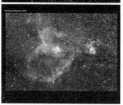

1-091 现在，连我们家的业余天文台也可以拍摄到星云了：灵魂星云和玫瑰星云 ※（自拍）

1-090-1 蝴蝶效应会出乎人的想象 ※1　1-090-2 他们摸的是大象吗？※（自绘）

I-091 不用悲观，这是认识论的进步。用混沌、非线性、模糊的学说加上并非完全失效的理性因果的线性思维，在信息的取得、储存和分析应用方面，人类已开始走上了"云"的平台。万物、宇宙在人类的眼中从来没有现在这样更加丰富多彩，在复杂和模糊中更加接近对事物的认识，只是这种认识仅是变化中的瞬间而已。

I-092 认识的进步带领人们开拓了行动的广阔天地。1957年苏联把一条名叫莱茵卡的小狗第一次送上太空后，太空就开始拥挤了。加加林是第一个在太空遨游的苏联人，以后美国人在月球登陆，跨出了"人类的一大步"。如今航天飞行、火星探险、数不清的学说和新发现在短短几十年里大幅度开阔了人的眼界。

I-093 工业革命使得人们过于膨胀，迷信机械。为什么从20世纪前50年就爆发了两次世界大战？其挑起者都是过于相信手中有巨大杀伤力武器的战争狂人和独裁者。他们认为凭借钢铁和火药，飞机、大炮和坦克，各种军舰、航母等就可以征服世界，希特勒在最后的日子还寄托秘密武器来挽救末日。

I-094 当今，还有一些人在重蹈覆辙。和几十年前不同，他们是一些不发达的非大国的独裁者，自以为掌握了什么"大杀器"，利令智昏，动不动以其威胁、恫吓别人，萨达姆就是一个典型。他们不会明白工业技术、科学的发展也是一把双刃剑。我认为，人类的最大危险不是战争而是人类自身每时每刻的不当行为。

I-095 工业革命到后工业化的时间也就二百多年，和几千年的历史相比还是短促的。人类的建筑活动在这段时间内也最活跃。对世界的认识不仅有两只眼睛，还有第三只眼、第四只眼，几乎是全息观察了。可是，我相信地球上绝大部分人并没有

1-092-1 登上太空的小狗莱茵卡※1
1-092-2 美国阿波罗号人类第一次登月※1

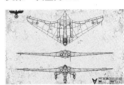

1-093-1 希特勒的新型飞机※1
1-093-2 希特勒的长炮※1

1-094 科技的发展是一把双刃剑※6（自绘）

1-095 多只眼的观察※（自绘）

感觉到或者去想，过着生老病死、悲欢离合的日子，相信发展就会过得好。

1-096 1996年威尼斯双年展的主题词※（自拍）

I-096 记得1996年威尼斯建筑双年展的主题词是："建筑师犹如地震仪"。建筑师和律师、医生一样，要接触到各种各样的人及各种各样的行业，所以应该是敏感的，不可能不知道近百年尤其近几十年的变化。但这些变化太使人眼花缭乱，思想变开阔了，眼界更高了。所以建筑的乱世现象也就随即而来。

1-097 国家大剧院的施工也不是传统的了※1

I-097 建筑师们也要摆脱多年来捆在身上的桎梏。据传当年国家大剧院在方案评审时，有位说某个方案造型复杂不便施工时，设计师说，可以请造船厂的技术人员和工人来干啊。把建筑和造船相比，这在当时的中国难以想象，中国需要引进一些新的观念和技术，最重要的是"建筑原来可以这样设计，这样去实施"。

1-098 国家大剧院内部※1

I-098 有时，当事者迷，旁观者清。无知比偏见更有创造力。对安德鲁的国家大剧院最后一轮投票时分三个组，以建筑师为主的一组，结果是赞成和反对一半对一半；以工程技术人员为主的一组三分之二赞成；而以剧院有关的艺术家及管理人员则是全赞成。从思想解放的层面来说，当代中国建筑师的确要不断更新观念。

I-099 建筑不同于绘画、文学、戏剧，在当代各种思潮、观念、行为的大爆炸中，思想解放受到的束缚更大，但目前中国的建筑师们真的摆脱各种束缚了吗？看看一些所谓"前卫"建筑师的作品，其实很多是从外国克隆来的。但他们忘了，如今的中国建筑师没有几个未出国的，传媒又多又迅速，看一下很快就会露馅。

I-100　我所说的思想更新、眼界开阔，创作活跃在今天处于历史上最好的时期，但也是最容易出问题的时期。正确与错误相互缠绕。这和古典巴洛克时代完全不同了，那时的建筑师只是和大理石和描金彩绘打交道，鸟在笼中飞，除了把教廷捧上云端外对地球造不成损害。而当今如果建筑师、业主都疯狂了，人类就遭殃了。

1-100　巴洛克时代和当代的建筑师虽然都会为钱权服务但手段有天地之别※（自绘）

1-101　建筑师的无奈※（自绘）

I-101　一方面建筑创作思想不够解放，尤其原创的，有中国文化和地域特色不多；但模仿的、克隆的赝品却打着"普世"、"全球化"的幌子在官员们、大老板的面前献宠。对于几十年前还是一个半封建、半殖民地的农业国家，指望全民素质、鉴赏力、价值取向更积极的走向当代，谈何容易。真正的解放思想还需时日。

I-102　就拿华西村的那个被誉为"世界农村第一楼"，高达328米的"五星大楼"来说，耗资30亿元。我暂且不去评论它是否该建，大楼本身就是显示财富，渲染豪华，珠光宝气，在建筑创作上没有什么可取之处。但它的确表现了华西村当前的价值观、审美取向。想想，中国的农村都这样，发财了，多光彩！

1-102-1　华西村黄金酒店 ※1
1-102-2　黄金酒店内部※1

I-103　看来得将前面关于古典巴洛克的特点修正一下：1. 为教廷服务的贵族文化。2. 对世界认识的强烈反差，宗教和自然科学萌芽的矛盾，开阔

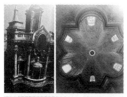

1-103-1 巴洛克大师波罗米尼代表作卡洛斯的教堂 ※4
1-103-2 巴洛克的建筑、绘画、文学是一种社会思潮和风格※1

了思想。3. 尽可能利用各种方式和材料，追求戏剧性的表现。4. 用浮光掠影、强烈的动感、曲线和曲面，对新风格、新效果非理性的追求，表现出对古典传统的反叛。5. 表达了对人类心灵超越物体外的永恒关注以及对人和自然形态的追求。6. 巴洛克不仅表现在建筑中，和其他领域如绘画、雕塑、文学相互影响，成为一种社会思潮和风格。

1-104 巴洛克不仅表现在建筑中，也和其他领域如绘画、雕塑、文学相互影响，成为一种社会思潮和风格。例如《痴儿西木传》小说也是巴洛克文学。

1-105 对于前面为谁服务的问题，着重对照了教廷、贵族和当前的权力与金钱，想引起人们的注意。至于当代建筑的大背景，世界上国家的体制不一样，表现就不同了。总的来说，各个国家体制是在向民主、民生、进步的方向发展。所以当代建筑师，不可避免地要为普通的人服务，不过还要通过管钱的人呢，钱权相连。

1-106 佛罗伦萨美第奇府邸※（自拍）

1-106 念大学时，常听到一句话，就是"建筑要体现对人的最大关怀"，后来被批判了，说人是有阶级性的，也就淡化了，但这句话我却牢牢地记住了。甚至在钱权的控制下，建筑师还可以用自己的技术、学识，在一定的范围里去体现对普通人的关怀。就像文艺复兴时期美第奇府邸下的太阳凳一样，让平民走累了坐一坐？

1-107 就在目前我国住宅设计中，在发展商的"精品"、"尊贵"、"皇家"、"绝版"的吹嘘中，建筑师也能履行起码的社会职责，不为开发商弄虚作假，在使用的功能上、细节上下功夫，其差别会有云泥之分。几年前有记者采访，我就说当前的购房者只看多大面积、几室几厅，放弃了自己的权利，太无知、太被蒙蔽了啊！

1-108 对农村住宅的关注，在我国也是最近二十年才开始的。但没有受到大建筑师们的重视，往往是兵营式、棋盘式的千篇一律。近年来好多了，尤其在汶川地震后，大师们也出面了，的确有很大改变，但在形式上花的力气多，在组织村民的生活、就业、生产等方面还很不足，展示的意义大于生存的基本需求。

1-109 世界上的确有非常著名的建筑大师在为普通的贫民着想。埃及的哈桑·法赛一生在研究灰泥代替水泥、改进自然通风的低成本农村住宅，体现了人文主义，也没有做什么宏伟大厦。印度的柯利亚是世界级的建筑大师，他研究的低成本集合住宅也为穷人服务的。所以，他们两个都分别获得了国际建协（U.I.A）的建筑金奖。

1-110 十几年前，法国波尔多大学的鲁伯教授，带了两名助手到吐鲁番研究生土与水泥拌和在一起就地取材的低成本、方便操作的农村住宅建造。我陪他们去了几天，后来由于种种原因就作罢了。前年他又来了，并给我一篇他在法国刊物上写的关于我的文章。他一直还在关心此事，可惜去年我在巴黎未能见面，他患了癌症。

1-111 一个外国人，要为吐鲁番的老百姓的住宅着想，说明人文思想在当代建筑师的职业中地位

1-108-1 兵营式的新农村建设※1
1-108-2 汶川重建中有特色的村镇※1

1-109 哈桑※1

1-110 我的朋友鲁伯教授※6

1-112 刘加平院士研究的村镇节能住宅※6

日趋重要。去年香港大学建筑系通过我们想对喀什老城改造出点力，提出给他们一块街区进行研究和实施，所有费用他们掏一半。我想这是好事，就几次和喀什有关部门联系，一直没有下文，建筑行为要以人为本总是在口头上。

1-112 在为什么人服务的问题上，给当代建筑师提出了严峻的考验。我还没有见过库哈斯、扎哈为普通平民的作品出现，但愿能有。2011年中国工程院院士增选中，刘加平教授被选为院士，也说明环境和生态得到重视。刘教授在中国西部各省，尤其在青藏高原致力于节能、适用的农牧民住宅的建设，值得赞赏。

1-113 戏剧性视觉冲击的建筑※1

1-113 在采取一切手段营造戏剧性、全息式的建筑空间效果方面，古典和当代的巴洛克现象异曲同工，只是程度和技术手段有差别。他们共同的一点就是用各种视觉效果去冲击和吸引人的眼球，有时竟会远离建造的最初目的。

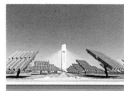

1-114 工业建筑的功能美※1

1-114 各种艺术之间可以互相借鉴，甚至模糊界限，但最终还是以其特色立足。如果版画一味模仿国画，甚至分不清，那版画就会从艺术里消失。建筑也是如此，有些工业构筑物在我看来非常壮美，可设计它的工程师绝没有去想制造戏剧性的效果，仅仅用建筑语言说话就可以征服人了。酒香不怕巷子深，过分包装适得其反。

1-115 斯大林对建筑所能表达的要求太过了，要表现社会主义的优越、工农联盟、加盟共和国的团结等等，建筑师们只好在宏大、华丽、装饰上下功夫。当时的北京、上海的苏联展览馆就是典型的例子。当年塔什干毁于地震后，按此思想建造的列宁宫、美术家协会、大剧院等在苏联轰动了一阵子，其特色就是纹身式的装饰。

1-116 现代主义在当前还有生命力，起码它把建造目的和功能当做职业神圣的责任。到现在为止，我还是很喜欢联合国大厦这个建筑，尤其它的室内空间，简单、明晰、装饰朴素，配以世界级的艺术品如绘画、雕塑、工艺品等，既显得有文化、有品位，又毫无夸张、浮华、显摆之意，甚至和我国当前的建筑相比有点"寒酸"。

1-116 联合国大厦至今还有魅力※1

1-117 为什么现代主义之后，晚期现代主义，新现代主义接踵而来，因为它们还在坚持建筑的本原并吸收了当代发展中的新观念、新材料、新技术，使得全盘否定现代主义不可能。它没有像古典巴洛克建筑，玩噱头、玩神秘气氛、玩机关布景。几百年人类的进步中，"人"字越来越大了，巴洛克的那些家当已迷惑不了人。

1-115-1 塔什干列宁宫※（自拍）
1-115-2 塔什干美术家协会※（自拍）
1-115-3 20世纪50年代的苏联农业展览馆有很多的政治符号※2

1-117 现代主义末班车的大师尼迈耶的巴西议会大厦仍然受到推崇※1

1-118 电影《满城尽带黄金甲》剧照※1

1-119 内蒙古响沙湾莲花酒店※1

1-120-1 金碧辉煌的酒店大堂※1
1-120-2 魏斯曼博物馆的平面是矩形的※1

1-121 这是新疆的一座建筑※（自拍）

1-118 这使我联想到当前我国电影大师们对什么"奥斯卡"、"金熊"趋之若鹜，但收获甚少的现象。投入成本越来越大，场面越来越宏伟，摄影、色彩越来越高明，一时间虽能令人叹服，但事后的回忆就淡了。因为刻意雕琢的痕迹太过，违背艺术出天然、如行云流水的自然，最致命的命门是缺少了"民生"与人文关怀！

1-119 一句话，今天的建筑仍然要追求魅力，要感人，也可以采取现代各种艺术的方式展现空间。可以在沙漠里建沙质的博物馆，在水下建水族馆；还可用3D、全息、激光、多媒体、动画任何手段创作建筑意境。但用古典巴洛克的手法，仅在建筑内外表面的装饰上做文章，那就错了。可惜，今天还有不少人在步其后尘。

1-120 可以看看中国的各种各样的大酒店、大办公楼，过度装饰已是通病。大堂大而无当，但金碧辉煌里透着媚俗，散布着炫耀。在这一点上，中国很快在世界上走到了前端，价值取向和审美表现得一览无遗。包括盖里早期的魏斯曼博物馆，外部看起来很复杂，但一看设计平面图就知道，那些曲面都是无用的附加物。

1-121 这就是我国当前的巴洛克建筑现象，可能是从我眼皮下混出去的。

1-122 巴洛克本来就是为神秘的、崇高的、来世的宗教制造的具有精神影响力的建筑空间，这无可非议。越不可以理喻，越有幻觉，人们就越虔诚。可现在不一样了，人越来越感到自己就是上帝。人类社会进步的标志就是每个人真正认识到不管你是总统、将军，劳动者、看门人，这是社会分工，而尊严一样。

1-123　看过一些展览馆、博物馆室内设计方案，很复杂、很丰富，语言很时髦，但我问：展品怎么放？忘了展品，还谈什么室内设计呢。博物馆建筑，室内背景都很单纯，"少就是多"，就会更加突出展品。目前流行家装的设计，把墙面都占完了，你表现了，主人放哪里呢？一位画家说，家中无字画，俗；家中满字画，俗。

1-124　人们都说凡尔赛宫中的镜厅如何了不起，成为宫中亮点。岂不知这正是巴洛克转向奢靡浮华洛可可风的标志，走向洛可可是它的必然。因为镜子在当时制造复杂、昂贵。它建于1678年，无独有偶，莫卧儿王朝的沙加汗国王于1631年在拉合尔的皇宫里也建了一个镜厅，只是规模和镜片小多了。但都是皇帝的爱好啊！

1-125　上海世博会的建筑与非建筑的确让国人大开眼界，创意和构思都来自所在国的高手，每个国家都想突出自己的文化与时代特色，给我国的建筑师，也包括其他行业的人启发很大。但它的确是个特例，历来的世博会除了少数建筑可进入建筑史外，大部分是过眼云烟。究其原因，它们不是建筑，而是展品的组成部分。

1-126　譬如英国馆吸引了很多人，但它是个装置，是一个表达某种思想和观念的装置，无疑它是成功的。但要说是个建筑，它还不具备条件。世博

1-123 展品为主？还是室内表现为主？

1-124-1 凡尔赛宫镜厅※2
1-124-2 拉合尔堡镜厅※2

1-125-1 上海世博会的建筑※（吴志强提供）
1-125-2 上海世博会西班牙馆※（自拍）

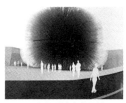
1-126 上海世博会英国馆※1

1-129 两座政府办公楼要显示什么？※1

1-130-1 罗马万神庙外部※1

1-130-2 震撼的万神庙内部※1

会里的建筑和非建筑都在表现自己，这在一个城市或一组建筑内是不可取的。例如一个交响乐团里的每一个乐手都在拼命突出自己，那就是噪声了，但在世博会中却是天经地义的事。

1-127 建筑与非建筑之间有时很难区分，任何学科的分类，到了一定阶段就混淆了。就如历史与文学，物理和化学一样，分类只是为了所指有一定明确的范畴，一切学科只是相对而言，也许最精彩的创造就在那难分难解的一霎。建筑师只要不抱成见，借鉴和启发会带来灵感。当今，建筑已幸运地跻身于一切新事物之中。

1-128 气韵生动是中国画理论中对画的最高评价，建筑也可以借鉴。气韵是一种笼罩在作品中的灵光，它的特点就是纯净，只有气韵才能排斥不相干的杂物和干扰，使作品发出光辉和心灵的沟通。建筑空间的意境也是如此，与意境无关的，画蛇添足的都应去掉。一首好乐曲必有它的主调旋律，不是胡乱拼凑出来的。

1-129 当代建筑空间要创造的效果不应该只追求轰动的戏剧性，或宏伟、壮观，使人膜拜的情景，巴洛克时代那是迷信，今天的主人应该是民众。大部分建筑应该是亲民的，即使有戏剧性，也要让人们愉悦，享受美好，而不是诚惶诚恐，让人有渺小感。如果我们政府的大楼总是表现高高在上，难以接近，就要反思了。

1-130 在大学上建筑史课时，我们看的是梁思成先生当年带回国的玻璃制的幻灯片，古希腊的建筑对我印象最深，万神庙也一般。那时出国考察绝无可能，只能从书本、幻灯上了解。后来能出国了，才感到埃及神庙、罗马万神庙震撼的力量。但古希腊由于社会制度的相对民主化，建筑在蓝天阳光下显得典雅、平静和美轮美奂。

1-131 极少的材料，迷幻的空间※1

1-131 古典巴洛克的手段和今天无法相比。那时伯尼尼在圣彼得教堂的大广场里的柱廊上做了那么多的雕像，材料只是大理石而已。充其量还用了灰泥，少量金属，还有光线、机关等入不了今人法眼的手段，但通过对环境的整合与沟通，神秘、崇拜、幻觉就来了。用极少的材料创作迷离扑朔的空间手段值得今天借鉴。

1-132 密斯的作品简洁中透露着丰富※1

1-132 我主张建筑创作中用"减法"，剥离一切无用、累赘的东西。在令人眼花缭乱的材料和手段里，如果抵制不了诱惑，什么都想用。对一个想有作为的建筑师来说就是一场悲剧了。花花世界里并不是一切都是美女，还有毒蛇呢！由着业主、官员，你就放弃了职责，对不起培养你、关心你、爱护你的家人、老师和人们。

1-133 艺术为图个吉利？※1

1-133 玉雕是中国的传统工艺，在国人心中有特殊地位。北京故宫里的"大禹治水"，台北故宫博物院的"红烧肉"都是经典之作。但现在玉雕的主题变了，什么福禄寿、升官发财隐喻的物件满目都是。其他工艺品更不用说了，鹰击长空、骏马奔腾、元宝大鼎，怎么了？古代的人不爱钱？今天当官的要在七楼，七上八下啊！

1-134 舞台布景不是建筑※1

1-134 建筑空间的表现力和感染力主要来自

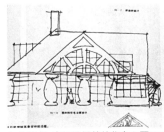

1-135-1 文丘里福林特住宅立面※8 1-135-2 穆尔的新奥尔良意大利广场 1-135-3 AT&T大楼※1
※8

建筑本身的语言，即组成建筑的技术、构件、材料以及建造的需求。越是向这些靠拢，建筑语言的魅力就越大。舞台布景式的方法和道具仅起辅助作用，那是瞬间即逝的过眼云烟。君不见，万里长城都在毁弃，何况那些幕布、激光、纸板和变幻的灯光，大幕落下，便各回各家去了。

1-136 1986年后现代建筑在东京作第二次展出※8

1-135 后现代建筑师们一开始有点矫枉过正的劲头，反倒给别人留下了话柄，文丘里的夸张以及对波普的过于赞赏，查尔斯·穆尔在新奥尔良意大利广场做了十足的舞台布景秀，菲利普·约翰逊在纽约的AT&T大楼的山花上开了一个圆洞，实际都是对现代主义国际式风格的反抗和讽刺，对密斯过于推崇钢材和玻璃的恶作剧。

1-137 巴黎拉德方斯"大门"※（自拍）

1-136 后现代建筑的先锋们发泄了对国际式风格的流行的不满，但他们并没有拿出令人满意的成果来说服世界，但他们是先锋，功不可没。建筑的复杂、地域、文脉、功能被重新认识了，那些被认为天经地义的理论被终结了。看当今世界一流的建筑师里，有几个还是后现代的信徒？但他们都是现代主义"之后"的实践者。

1-137 后现代建筑师在初期还真有点像当年的巴洛克，不择手段地作秀，只怕引不起别人注意，但对现实世界的事和物所谓的本质和秩序提出问号，大胆前行的精神可嘉。请看，今天的建筑师除了赖特的追随者及少数人外，都在不同程度上背离了现代主义的"经典"，在各自独立思考的道路上寻求发展，造就了真正的大师。

1-138 对当前我国建筑现象，好像大家都有意见，2012年元月5日在北京很多人的发言也讲得很深刻、中肯，但究竟怎么办却显得苍白。冰冻三尺非一日之寒，最根本的是建筑师、业主、官员甚至全民的文化素养和鉴别力的提高和积极的价值取向。如果认为用"适用、经济、美观"作为"方针"可以解决问题，那就太简单化了。

1-139 现在要谈到曲线、曲面和动荡的建筑了。相对于文艺复兴的古典和秩序巴洛克建筑师们和现代的后现代一样，不按常规出牌，但他们能做的也只能是前面提到的那些手段。其中受天体发现的启发以及对自然形态的本能追求而表现出的动荡感成了他们战斗的旗帜和特色，今天人们不是常说只有特色才能立足吗？

1-138-1 宋春华发言※1
1-138-2 座谈会会场记者提问※1

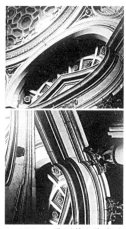

1-139-1 典型的巴洛克建筑曲面和线※3

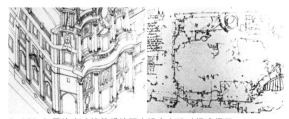

1-139-2 巴洛克建筑的手绘图在没有电脑时很难得了※3

1-140 在巴洛克之前有更伟大的建筑行为和阶段，且不说古埃及、希腊、罗马、中国、印度，还有伊斯兰的建筑都是辉煌的。仅在欧洲的巴洛克之前就有文艺复兴、哥特式、罗马风、拜占庭风的分期。这些建筑在历史上占据了上千年的时间，而且从建筑意义上讲，都比巴洛克重要得多，但它们都不是以动荡的曲面取胜。

1-142 巴洛克建筑只是一瞬，而哥特式教堂成了永恒 ※1

1-143 五个手指头 ※7

1-141 今天人们到欧洲大都会参观意大利的圣·马可教堂、比萨大教堂（当然还有它著名的斜塔），挪威的波得古尔木教堂，莫斯科的布拉仁诺教堂，还有位于欧亚之间君士坦丁堡的圣·索菲亚大教堂等都不属于古希腊、罗马的建筑。但它们的个性和创造性都可圈可点，在它们面前，就是最有代表性的巴洛克建筑也显寒碜。

1-142 被认为是野蛮的哥特式建筑，从功能、艺术形象、空间创意、结构创新等各方面评价我认为是历史上的最优秀建筑类型之一。它综合了当时一切艺术和技术发展的成果，包括飞扶拱、金属和彩色玻璃的圣经画等，在中世纪欧洲的原野上高高地冲向天国，那种意境和手段以及创造性使得后来的巴洛克建筑无法与之比拟。

1-144-1 雅典卫城 ※1

1-144-2 罗马巴西里卡 ※2

1-144-3 哥特式教堂的飞扶拱 ※1

1-145-1 鲜花圣玛利亚教堂※1

1-145-2 玛利亚教堂※2

1-145-3 育婴堂※1

1-143 从今天的晨报上发现了一张建筑创意，是一张五个手指头上开满了窗洞的图供扎哈们参考。

1-144 在17世纪前，建造曲面的空间主要用拱、券、圆顶，而石材无法承受拉力和较大的弯曲。木材主要用于屋面的梁、檩，受弯能力有限。这时人们建造空间的大与高方面已到极限，受力杆件主要是简支状态下加肋帆拱和飞扶拱的技术促生了米兰、科隆大教堂等难以超越的经典，大跨的非静定曲面结构的出现还为时过早。

1-145 所以，巴洛克建筑虽然在历史上有其一定的地位，和洛可可一样，无法和文艺复兴相比。其实后者主要表现在思想领域的人文思想，它在文学、绘画、雕塑、哲学领域内更加精彩。从建筑看，除了布鲁涅列斯基在佛罗伦萨的鲜花圣玛利亚教堂、育婴堂及一些府邸、皇宫外并没有在规模、技术上有更大的成就。

1-146 被称为欧洲黑暗时期的中世纪、并不像人们描绘的那样。僧侣们在圣坛上满口教义，在实际生活中绝对的世俗化，追求享乐。但丁、薄伽丘在他们的作品中作了无情的揭露。但为了推出上帝、天国的诱惑，其建筑可以说是起了极大的作用。而

1-146-1 但丁地狱之游※1
1-146-2 薄伽丘《十日谈》

1-147 歌颂教皇的巴洛克
艺术※1

1-149 宏大的演出场面※1

1-150 今天人类所掌握的
技术还不能随心所欲地塑造
建筑※（自拍）

文艺复兴的思想主要在于提高人的地位，建筑是其次的，人文是第一性的。

1-147 面临无法逾越的前辈，又不满文艺复兴的理性和平静，在矫饰主义的启发和宗教狂热的驱使下，巴洛克建筑师只好用动荡和曲面、曲线在雕塑、建筑空间的柱式、符号以及构建的装饰上显示特色，表达某种超然于世的人格和力量。这是从米开朗琪罗，而不是拉菲尔身上的力的承传，漩涡和动荡是教廷胜利的狂欢。

1-148 所有对文艺复兴的评价都是正面的、积极的，而对巴洛克就有褒有贬。它只是一个短暂的插曲，很快被洛可可淹没。我之所以对它感兴趣，因为它和今天的建筑现象有很多相似之处。巴洛克建筑无关大局，用思想和行动的特色宣告了一种新风格的出现，对宗教有利。话说回来，在那个时代，不迷信、不信教的有几个？

1-149 把装饰当建筑，把风格为方向。无视建筑的建造目的和需求，一味在形式上标新立异，这一点上现今的一些做法还不如巴洛克，起码他们还有宗教的虔诚，也花不了多少钱。但今天追求大幅度的动荡曲面还要付出经济、环保的代价。毕竟建筑不是绘画和演出，但世风如此，不见今日舞台一人唱，众人舞的中国特色吗？

1-150 尽管今天的建筑技术几乎可以实现任意曲面，这是和以前的历史相比，如果从"后之视今"的眼光看，今天的这些技术还笨拙得很。"鸟巢"付出的钢材远大于建造同样规模但不同结构体系的场馆。"参数设计"也是近年的事，不要被计算机屏幕中那些耀眼变幻曲面冲昏了头脑。

1-151　我经常想，几百年后的人会说我们这一代的人太笨了。这不是说笑，慈禧没有看过电视，用过手机电脑，坐飞机出国，这才一百来年啊！"几百年"可能相当于过去的千万年呢。回到建筑，我们还没有掌握用先进、经济、方便的像自然界那样在进化中得到的最实用、最合理的塑造空间手段。被后人说笨就不奇怪了。

1-152　原始人和动物居住空间差别不大，洞穴、巢居都不是规规矩矩的立方体。可世界变化太快了，转了一个轮回，人又要向自然学习了。但和造化比，人还差了很远。所以对曲面、曲线的追求有它合理的一面，即无限地扩大适应性、合理性。今天的机械制造产品已经在磨去多余的棱角，删掉无用的空间，走在了建筑的前面。

1-153　20世纪50年代伍重的悉尼歌剧院设计方案被沙里宁从落选的图中检出来，是建筑史上的大事。沙氏看上这个方案和他设计的飞鸟造型机场有共鸣。海边风帆或别的隐喻与进化无关，形象的独特是取胜的关键。但如何实现，伍重访遍了世界，

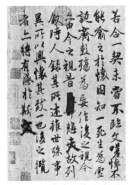

1-151 兰亭序里的"后之视今亦由今之视昔"※（自拍）

1-152-1 穴居和巢居不会规规矩矩※1
1-152-2 建筑也无法和复杂的机器相比※1

1-153 悉尼歌剧院设计方案和建成后的形象※1

1-154 印度的莲花寺※1

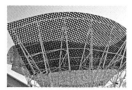

1-155 巴塞罗那奥运村鱼形雕塑※（自拍）

1-156 盖里和他设计的耶路撒冷宽容博物馆※1

1-157 建筑漫画：跟风※6

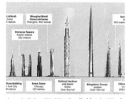

1-158 已经建成的迪拜哈里发塔，很快就要被超过※1

工程师们束手无策，直到后来加上了厚厚的边肋，造价一翻再翻，才终于建成。

1-154 从悉尼歌剧院建造历程看，建筑形象在两条难以相交的轨道上行驶。一方面是为了空间的更合理、适用而向自然学习，飞机的发展就是这样；而另一方面是为了隐喻或形象独特而出现的，后者也有一定的心理需求功能。印度的莲花寺，以印度教所崇敬和喜爱的莲花形状为主题，更是精神功能。所以，建筑复杂而矛盾。

1-155 个人喜好也会被带到建筑中，盖里从小喜欢看水中鱼游来游去。这种情节也被带入他的建筑作品。巴塞罗那的那个金属网的鱼，还有其他地方的鱼状形体都是他的"专利"，和当年他的望远镜建筑相比，游鱼与波浪是他最钟情的爱好。从后来他一系列的作品中持续地再现，而且业主们也心甘情愿地请他，为什么？

1-156 盖里的风头从1997年建成的毕尔巴鄂的古根海姆美术馆开始刮向世界，无疑这是一个成功的作品。1999年我在柏林的一个建筑书店看到一般世界级的建筑大师的专辑是一本，而盖里的是厚厚的两大本，这就是名人效应。它给建筑带来了难以估计的附加值，但和投资其他的艺术品相比，投资大而有风险，央视大楼就是。

1-157 在当前招致赞扬和非议的盖里风、扎哈风呈现非常复杂的局面。曲面动荡的时髦来自多方面：1. 为实现功能更合理的自然倾向。2. 建筑师个人的喜爱。3. 出于建筑精神功能的隐喻、联想和象征。4. 跟风、模仿风。5. 有钱有势者的爱好。其中第一和第三点可以理解，第二点可以容忍，其他就不值一提了。

1-158 我不敢预测未来，但从非建筑的产品如飞机、汽车、计算机、船舶等的发展看，向万物、自然学习的趋势在增长，能不能想象建筑是不是也会这样？我们可以造航空母舰，当然也可以用同样的材料和技术来造建筑，只是需要与否、经济与否。建筑高度已达千米，别的产品无法比拟，但在曲面动荡上还只是起步。

1-159 自然的结构形态是亿万年进化中形成的，这和人类只有几千年的建造史相比差距太大太大。建筑在克服地球引力的过程中艰难地前进，尤其它不是实体，空间里空的部分最需要，它们的跨度越大，结构受弯、拉、扭的力度越大，而人类当前采用的主要是自重很大的金属材料，而自然形态的材料却丰富多了。

1-160 也许在空中，在海洋，人们还会创造新的建筑空间，地球资源在不断消耗，污染严重，气候变暖，逼得人们去寻找新的生存空间。现在的建筑观念很难和未来契合，所以新的探索是必要的。

1-159-1 蜘蛛网的受拉力的强度现代建筑还做不到※1
1-159-2 建筑更不能和这棵大树相比※1

1-160 向太空发展居住空间※1

1-161-1 山西太谷窑洞群※1
1-161-2 现代窑洞※1

1-161-3 现代窑洞酒店及室内※1

1-162 梭罗所写的《瓦尔登湖》及住地※1

1-163 瑞士的城镇难道没有现代化？※1

1-164 金属片的"建构"玩具※（自拍）

但目的是为了保护生态环境和可持续发展，背离了这个原则，追求怪异，所谓的前卫建筑就是对人类的犯罪。

1-161 今天中国还有千万以上的人居住在窑洞里，有自然依山势开挖的，这种窑洞没有什么造型，其背景就是起伏的黄土山峦；也有在平地下挖的下沉式庭院窑洞，在平原上是看不见的建筑；还有在山坡、平地用生土夯砌的，其中有一部分是经过改进的有现代科技含量的窑洞。它们冬暖夏凉，生态节能，在国外也有不少。

1-162 在城市这个又爱又恨的怪物里，如果不是为了就业和谋生，很多人就会逃离城市。家园究竟是什么？诗意的居住又是什么含义？梭罗独居在瓦尔登湖的意义受到不少人的推崇。城市能让生活更美好吗？在钢筋混凝土及钢材造就的森林里，人们很快就厌倦了，在北京即使有车，一天只能办一两件事情，谁会心甘情愿？

1-163 人类从自然来，身子还会回归自然。但居住、生活越来越离不开城市，而城市里的建筑似乎与人越来越过不去，人被挤压，在传送带上送来送去，像蚂蚁一样的忙碌，难道这就是人类美好的未来？究竟什么是城镇化？当我们行车经过瑞士的原野和丘陵看到四周的村镇和农舍时，难道他们没有城市化，没有现代化？

1-164 下图是用金属片做的虚拟住宅设施的玩具，但它们也围合成一个空间。设想人类对建筑材料和技术掌握到外墙可以像它一样开洞、折叠，"建筑"词不变，但不知如何分类？

1-165 毕尔巴鄂古根海姆博物馆设计时盖里以中央大厅为中心向四周以不规则立体的花瓣形状依功能和地形辐射，场地的利用既合理又巧妙，因为各种场馆有大有小，有高有低，其中最大的展馆长120米，宽30米，像一条鱼伸向了奈汶桥下，主入口从原有街道下沉到地下一层，主体沿河展开，像一团盛开的金属之花，地形、功能、形象完美地接合在一起。

1-166 我们参观时，有个厅展出了几十尊各种形态人的塑像群。大小不一，形态不同的展品各得其所，并形成了自身的空间场，不像等待检阅的列兵。当我仔细揣摩达里的一幅画时，因为那张画里有达里特色的极其细微的刻画，四周对我毫无干扰。比起纽约的古根海姆的人看人的坡道回廊，观众和展品得到了应有的待遇。

1-167 以人为本绝不是说在口头上，历史进步使得盖里超越了几乎被人看做神的赖特，多有说服力！不能责怪赖特，对人的关怀在建筑中也不是早已有之。曾记得吗？十几年、二十几年前，人们参观博物馆、美术馆买票时还得顶烈日、抗严寒呢，只是近些年来有了改变，先把观众引入大厅再买票，何况今天大都不收门票了。

1-168 如果不是亲自参观，不了解博物馆在当代的变化，抱着墙上挂画就是博物馆的旧观念，的确"很难理解"盖里的这座建筑。它在充分满足变化中博物馆的新需求外，又创造了一个美轮美奂的

1-165-1 毕尔巴鄂古根海姆博物馆※7
1-165-2 博物馆展厅之一※1

1-166 毕尔巴鄂古根海姆博物馆最大的展厅局部※（自拍）

1-167 赖特在纽约的古根海姆博物馆※1

1-169-1 盖里魏斯曼美术馆外立 1-169-2 盖里早期作品：望
面※1   远镜场的办公楼※1

外形。内部是不停变化的空间，没有任何多余的装
饰，以灰白色为主各异的面给展品提供了最佳的新
空间，而不是挂画的长廊。

1-169 盖里的作品并非都是成功的，魏斯曼博
物馆仅在外形上做秀，西雅图的音乐体验馆更是遭
人诟病。

1-170 一个建筑师不可能是常胜将军，文字可
以不印刷，绘画可以不展出，但建筑就不能不好就
随便拆除。所以我们向盖里要学习的是他的长处和
优秀作品，而不是刮起一阵盖里的非线性风，盲目、
无意义的故意扭动大可不必。

1-171 盖里设计的鱼灯※1
1-172 如此复杂的曲面在
1991年开始设计※1

1-171 这里有必要提及建筑师个人风格的问
题。盖里的非线性曲面以及鱼鳞状表面，还有像空
中飘浮的头巾那样的屋面已成为他的个人风格。严
格说，建筑师不宜在作品中表现个人，但一个成熟
的建筑师在作品里无意渗透出一些观念和手法也是
必然的，这也是一切艺术品的可贵之处。但建筑由
于成本太高，还是谨慎为好。

1-173 建筑的这种扭曲是
为什么？※1

1-172 还要看到，盖里的毕尔巴鄂古根海姆博
物馆从1991年筹划、设计，1994年动工，1997年建成。

请注意在1994年，我们的计算机还是什么386、486的，如此复杂的曲面，不用计算机辅助设计是不可能的，但困难可想而知。先进技术和建筑材料，理念进步的完美空间，独特的外形，个人风格的渗透，经济效益巨大，这才叫成功的建筑！

I-173 关于巴洛克和当代建筑在曲面和曲线、动荡方面的比较先告一段落。一句话，不要无缘无故地扭动、追风，这是建筑！但非线性建筑有很大的发展空间，人们最终还是要拜倒在自然的足下。但自然会不会在此前毁灭人，就很难说了。

I-174 画笔可以在画布或画纸上自由驰骋，但也要有章法，不然和毛驴子尾巴上绑只画笔乱涂有什么差别。我不太同意形式第一的看法，不管画的形式如何，风格如何，绘画的灵魂始终是人，哪怕是很另类的人，甚至有精神疾病的人。愉悦、审美、联想、预言、警示的效果也是人与人之间的互动，建筑更是如此！

1-174 英国布里斯托尔的一头驴子作画※1

I-175 下面将谈及建筑与人，建筑和社会各种思潮的相互关系。但在这里我不得不将一些困惑和困难讲出来，以免引起误解和猜测。因为叙述和描写都是二元的符号，同样的字义，人不同感受就不一样。也就是说，我的表述也是模糊的，甚至是矛盾的，只能见仁见智引起思索。

I-176 我的《西部建筑行脚》一书出版后，有人见了书名连看也不看内容就对我说，写些学术著作吧，游记这类的没有科技含量啊。看来我将书名改为《西部建筑的科学属性》才好。不过我还是认

1-176《西部建筑行脚》封面※（自拍）

为"行脚"好，它记录了我在建筑求索中的心路历程。其中有幼稚、有错误、有偏见等等，过程比结果更重要，迷惑和求真都有价值。

I-177 "准确的描述"的确很诱人很权威。但面对瞬间变化的事或物不知谁能有这个"准确"的本事？有人对语言的不信任已走到了极端，认为说话就是"使劲地叫喊"，毫无意义。甚至说动物要吃人，不需要任何语言，直扑过来。而人要吃你的时候还要说一大堆叫你心甘情愿奉献的话，好像被吃是你的荣幸，这就是语言！

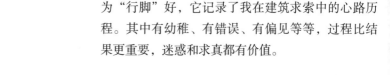

1-177 谁能用语言把这些色彩"准确"描述出来封面（建筑色卡）※7

I-178 1+1=2好像是真理，但要证明却不容易。两个人加起来等于2，似乎天经地义。但数字不是抽象的，它在特定场所里是有所指的，就拿两个人来说吧，加起来的重量却不是把其中一人的体重乘以2那么简单。数学模式是笛卡尔时代为梳理万物的次序而用的最简单的方法。作为博导的我最怕学生迷恋于数学模式的线性思维。

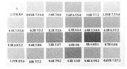

1-179 建筑师成了著名的职业书法家※7

I-179 1998年对刘谞说过，我要写一篇文章给《建筑学报》，题目是"告别建筑"，因为我的确迷惑、徘徊、灰心。当然这篇文章没有写，就是写了也没用，我们都在漩涡里不由自己。也有人说，你离了建筑就什么也不是。那也不见得，也许我会用这十几年的时间成为画家、作家什么的，我的一位同学就是当代大书法家了。

1-180 "建筑与人"里的人也是难以描述，"以人为本"中的人是谁们？※1

I-180 所以对"人"如何描述，我很犯难，有各种各样的人，甚至精神有"毛病"的人才是上帝心目中的人，混混沌沌就像亚当和夏娃一样。原

1-181 在埃及住宅似乎永远不完工※（自拍）

始人、石器时代、彩陶时代、青铜时代、铁器时代……当今世界上有近百亿人了。我要说建筑与人的人是什么人？以人为本的人又是什么人？被处死刑的犯人又是什么人？

1-181 其实建筑也是二元或多元对立的，它的原初与结果是不相符的。当建筑被认为是一种艺术时，建筑师们就会说：建筑是一门遗憾的艺术。吴良镛先生说：我最满意的是我下一个作品。西方国家给非洲一个国家援建了带抽水马桶的住宅，但建成后发现当地人用它来冲洗葡萄！埃及住宅建筑永远不完工，为的是少纳建筑税。

1-182 建筑中的人也受各种权力的制约，如不能随意破坏结构，要上楼就得走楼梯或坐电梯，闭着眼睛走路就会撞墙。到国外不识外文就找不到厕所等等。请注意我在这里说的权力不是仅仅说统治者或政府的，权力处处存在，人与建筑的关系就是使用和限制的二元化。如何减少权力在建筑中对人的压力，才是我们的目的。

1-183 福柯早就变相地宣布了"知识分子死了"，这是继尼采"上帝死了"之后又一个对现存社会反叛的惊人之语。被福山称为人类最终最完好

1-182 路标也是一种权力※1

1-183-1 福柯※1
1-183-2 尼采※1

1-184-1 人类居住的城市和建筑对人也是一种束缚※（自拍）

1-184-2 在地球上建筑还受地心引力的束缚※自绘

的美国社会制度并不是历史的终结。人在这个社会中仍然受着各种各样的限制和压力。文艺复兴中的"人"要从神的压力中走出来，大革命后人要从帝王的压力中走出来，现代的人呢？

I-184 现代人并不是都已从神和君的束缚中解放了出来，就自认为自由了的人，又陷入了新的压制。如信息海量中的话语权可能把你以语言暴力致死。性解放也可能让你得艾滋病，各种法规可能使你发疯。你并没有自由，"以人为本"可以被理解为大人类主义。人很强，也很脆弱。就是福柯本人到了美国才得了艾滋病而亡。

I-185 帕斯卡尔说"人是会思考的芦苇"这段话，我还有另一个版本，就是"人是会思考的风中芦苇"。我也无法考证。但认为后者更准确。巴洛克时的人唯神最大，这是对文艺复兴时期人要摆脱神的倒退。但他们却在追求世俗享乐方面走在了前面，只要维护了神的绝对地位，在其他方面人们干什么都可以！没人干涉。

1-186 芦苇也有欢乐时刻
※自拍

I-186 风中的芦苇都会向一个方向弯腰摆动，无法反抗。但在无风的时候又生机盎然，享受生命的欢乐，而且还会在神的庇护下思考。所以各种激情、浪漫、手段都出来了。在有限的时空里也达到了貌似的空前热闹。看来，人对眼前的利益看得很重，但毕竟是历史的瞬间，路易们、罗伯斯庇尔们、拿破仑们都成了过客。

1-187 解构后重组了什么？※1

1-188 耕地的托尔斯泰※1

I-187 人在追求自我和自由的同时也发现了自我的毁灭，就像罗丹一样，创造着，也毁灭着。这

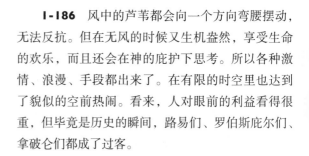

就是现代人和后现代的悲剧。我们颠覆着一切经典的、传统的观念，解构着所有的经验，为猜不准和变化的不确定性迷失了方向而随波逐流。人类还有美好的未来吗？有没有解决问题的密码？没有得到答案，就依感觉随心所欲吧？

1-188 根本原因是人类的原罪，人自以为万物之灵，诸神消失后人变得狂妄自大，代替了上帝，以万物为己用。我们都在犯罪，但又无法解脱，就像托尔斯泰一样，反对农奴制，但又离不开。一方面忏悔，一方面照做。城市也一样，人们都拥向城市，但又痛恨城市。我们都纠缠在一起无法解脱。建筑随着人类也接着犯罪了。

1-189 从尼采、萨特到福柯，他们完成了对秩序、规律、进化、语言、理论以及上帝、国王、知识分子、普通人等各方面的消解。对于解放人的自身，重建人格，解除统治者对普通人的桎梏与枷锁也起了作用。打破旧世界，马克思也是这样说的。当年法国学生手拿红宝书"五月革命"中的"新左派"就是这两种思想的混合物。

1-190 如果跟着尼采、萨特、福柯的思路走下去，什么都被颠覆和解构了，人类还有什么前途？失望、悲观笼罩了一切，人类的毁灭在即，就玩世吧；但沿着笛卡尔开始的理性、机械论，以为可以把一切分解为可用数字代替的单体，任意支配，继续干那从工业革命以来的蠢事，破坏生态平衡，伤害地球，也会导致毁灭。

1-191 当今世界，虽然都在呼吁生态平衡，制

1-189-1 法国街头出现了红卫兵※1
1-189-2 红卫兵着装的法国"红卫兵"※1

1-190-1 人类的行为对地球的损害※1
1-190-2 未知力量毁灭地球※1

1-191 言行不一※（自绘）

1-192 理论也像巴别塔※1

1-193 霍金又在怀疑"黑洞"是否存在※1

1-194 地球上自大的人类※（自绘）

1-195 强势美元符合美国最大利益※1

止污染，要可持续发展，但绝大部分人的知识体系还是机械主义和线性思维，这还包括那些连启蒙教育都没有接受过的不少人，把上述的话仅当做口号、招牌、政治标语、竞选纲领来欺骗人。手中拿着屠刀，口里喊着成佛。可怕的是，人们听到了后果但蠢事照干，因为他们不懂。

1-192 建筑理论，听起来好像很理性。既然是理论，似乎可以指导自己或别人去这样那样。我不这样认为，尤其所谓系统性的、框架性的理论大都是机械、线性思维的产物。变化的，非既定的，混沌、模糊，或突变的世界，绝不是非此即彼。实际上，认真思考的，担心社会的人，经常在矛盾、自我否定和摇摆中苦恼。

1-193 在我自己的叙述中可以明显地看到各种想法的交叉与错乱。毕竟我是建筑师，不是理论家。对过去、现在、未来，处于一团乱麻理不清说还乱的状态。但我既不追随福柯等人的后现代，它太悲观了；也不迷信机械论和线性思维，因为我的确感到这样错了。双方都有一定的道理，人类和世界像脱缰的马，究竟奔向何方？

1-194 我们每个人都是地球的一分子，人为自己考虑也没有错，但要看把自己摆在地球的什么位置上。现在回过头来看那句"人不为己天诛地灭"应该为"人类为己天诛地灭"。我们应该把人类放在全地球的大格局中，在万物中摆对自己的位置，行为要和生存的地球相协调，千万不能再犯"人类唯大"的错误，但说易行难。

1-195 只能用利令智昏四个字来解释说易行难的原因，不说希特勒、斯大林了，因为他们没有进入20世纪看到从17世纪以来工业革命给人类带来的灾难，人们还没有反思。但今日号称终极制度的美国总统们能做到吗？今日美国的主导思想还是"美国利益第一，总统地位第一"，在关键时连核弹都可以扔，还在乎地球？

1-196 指责：碳排放量太大！※(自绘)

1-196 打个比方：美国人在中国要吃烤羊肉串，边吃边指责，说碳排放量太大了。哥本哈根会议就是这样收场的，所以在现今世界上谁在关心环境呢？萨达姆、卡扎菲当然不会，但不是标榜关心人类未来的掌权者就会言行一致。实际生活中，人们还在关心住房、子女、就业、收入、暴力、腐败。哪会有其他的心思呢？

1-198 朱元璋当初的口号也是为民请命※1

1-197 但不是说没有反思，恰恰被认为非主流、非正统的思想家们一直没有停止过，其范围包括了科学、哲学、心理学、神学等诸方面。严格地说，这些思想并没有在绝大部分人们的心中驻扎，甚至被认为异端，说得好听点是前卫。就像当年对待哥白尼说地球围着太阳转一样，人们需要再启蒙，几百年了，机会不多了。

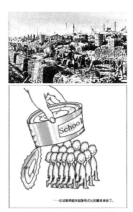

1-198 所以，"以人为本"的提法并不全面，它是机械唯物的产物。对政府说，能以百姓为本的确不错了。但长期以来，打着为民请命旗号造反的人多了去了，几千年来都有这样的人，有的竟然成功了。但他们掌权后就变了，视民为草芥，朱元璋就是一个。把一些老掉牙的话又提起来变成语言模式的游戏，没人相信啊。

1-199-1 1968年狂热的大炼钢铁※1
1-199-2 中国当前的应试教育※1

1-200 里约热内卢的贫民窟

1-199 到现在还有人说什么人定胜天、战胜自然，还有什么几十年不变不落后的呓语。相信从过去看现在，从现在看将来。应用由表及里，由此知彼的方法，推算占卜。而实际上谁能预见明天呢？最可怕的是，中国当前的应试教育，内容陈旧，没有和当代的知识挂钩，死记硬背，不要独立思考，哪来的乔布斯呢？

1-200 人只有真正认识到自己是地球大家庭的一员，不再狂妄，不再无休止榨取，走共同生存的道路才有前途。但人在目前只看到了危险，在行动上却不悬崖勒马，何况世界上每个国家发展的阶段不一样。已在工业革命中占尽了便宜的那些国家，还在带头破坏，还想指挥全球，提出了"仁慈的霸权"的口号。

1-201 谁都不想放弃既得利益，在原始聚落和千米大厦同时存在的地球上，核心价值观绝不会一样，你能让所有的不同民族，地域，发展程度，宗教信仰的人都听从"仁慈的霸权"吗？其实在我看来，布什还算是一个理想主义者。他自以为在不择手段地捍卫美国的核心价值，能做到吗？结果以灰心黯然下台。

1-202 这就是以人为本无法所指的原因。关心霸权，关心统治地位，关心利益，成了全球的"核心价值"，请看各个城市里房地产商的概念炒作：生态、绿色、帝王尊贵、人间天堂，一洼水塘加一个施工时挖出土方堆成的土包，就成了湖光山色。利益把一切都摧毁了，在当前，权力是利益中最大的价值取向，其他是假的。

1-203 有条件的自由※（自绘）

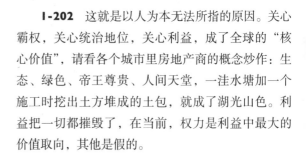

I-203 作为实体的人没有真正的自由，这是指和外界一切物的关系而言。纽约街上的一只小狗并没有权力束缚你。但狭路相遇，你和它只能有一者通过时，你的自由就没有了。你只能在心中自由地想象，想什么样就怎么样。好像在人的内心和心灵可以通向自由的王国，但也有束缚，就是你还有生理上的思考能力。

I-204 自由想象的能力，也是后天带来的，受各种环境和行为的影响。有健康的、奇异的、神奇的、幻想的、甚至可以想象洞穿宇宙的。这是人类最美好的权力，也许是拯救世界的希望。但如果想象去毁灭人类和地球，想象去如何实施罪行，也很可怕。所以人类还得有一些能共同肯定和赞扬或否定的行为和思想，如善与恶。

I-205 是非、善恶、美与不美、正义和非正义，战争与和平，廉政与腐败等的界限和表述在实际生活中有时是模糊的，而且还可以转化的。正因为这样，20世纪以来人们的悲观越来越严重。就像人们感觉到的那样：富裕了，但压力更大了，安全感更少了。人们的需求能不断地满足吗？答案是否定的，比较和攀比就是魔鬼。

1-205 人类对前景的悲观 ※1

I-206 《古诗源》开篇第一首诗是先秦的"击壤歌"："日出而作，日入而息，凿井而饮，耕田而食。帝力于我何有哉！"其实，这首诗是一种理想的境界。是人类与社会、自然的简单关系。当然，先秦社会也有压迫、残酷、战争，这首诗道出了人类的生活本原，对现代社会有很大的吸引力。为什么呢？它是权力和束缚最少的生活。

1-206 击壤歌图 ※1

1-207 按"庐山草堂记"重建的草堂※1

I-207 白居易的《庐山草堂记》中有一段描述:"三间两柱,二室四牖,广袤丰杀,一称心力。洞北户,来阴风,防徂暑也;敞南甍,纳阳日,虞祁寒也。木斫而已,不加丹;墙圬而已,不加白。砌阶用石,幂窗用纸,竹帘纻帏,率称是焉。堂中设木榻四,素屏二,漆琴一张,儒、道、佛书各三两卷。"

I-208 人对建筑的需求也是复杂多变的,白居易当年贬官,心情不好,只好在庐山建草堂修心。前面他对草堂空间的描述,在中国文学中达极致,也是当今极简主义的范本,他表示愿终老于此。但不久朝廷令他升官,就兴冲冲地上任去了。后来官更大了,庭院深深,狎妓享乐,就把草堂忘了。

1-209 和县陋室※1

I-209 转刘禹锡的《陋室铭》:"山不在高,有仙则名。水不在深,有龙则灵。斯是陋室,惟吾德馨。苔痕上阶绿,草色入帘青。谈笑有鸿儒,往来无白丁。可以调素琴,阅金经。无丝竹之乱耳,无案牍之劳形。南阳诸葛庐,西蜀子云亭。孔子云:何陋之有?"它表达了重内心不求外表华丽的建筑空间审美观。

1-210 皇宫大殿里的龙椅坐着并不舒服※1

I-210 转载《击壤歌》、《庐山草堂记》、《陋室铭》,为接着说建筑与人。古代皇宫虽壮丽恢宏,但普通人住在里面并不舒服。故宫的寝宫里,说明中国人会造沙发这类的座椅,但太和殿里的龙椅坐着并不舒服,为威严只好委屈一下了。17世纪的巴黎皇宫里可以到隐蔽处小便,为了一身行头连澡都不洗了,于是香水泛滥。

1-211 记得有一首美国歌曲叫《可爱的家庭》，歌词大意是："我的家庭真可爱，美丽清洁又安详，父亲母亲都长在，兄弟姐妹都健康。虽然没有好花园，月季风仙常飘香，虽然没有好厅堂，冬天温暖夏天凉，啊，可爱的家庭，我不能离开你……"这就是早期美国人的理想家庭，要求并不高，现在大部分还是这样，并不奢侈。

1-212-1 圣经里的伊甸园※1
1-212-2 伊斯兰园林要有4条河（拉合尔夏利玛尔花园）※（自拍）

1-212 爱好自然是人的天性，来自最最古老的遗传，伊甸园有潺潺流水，花果累累。人类在洪水渐退时生活的自然环境也是蓝天绿水，万物竞天择。但现在我们进入了"让生活更美好"的金属、水泥、玻璃的人造森林中做着全世界的"同一个梦想"，奥运会的主场馆却起了个"鸟巢"的名字。

1-213 人类居住空间的演变里的确有巢居，现代就有个外国建筑师给自己在树上建了个居所，那才是诗意的居住呢！我们仗着近300年付出代价的得到的技术和材料就以为可逆转人类的居住方式，但口里却念念有词：生态！环保！这和今天某人仗着有一点核武器就向全世界叫板有什么差别呢？人和自然也有战争。

1-213 现代巢居※1

1-214 吴良镛先生引用过一段原文："The 18th century was the age of exploration and conquest, the 19th century was the age of exploration and industry, and 20th is an age of failed promises."先生未注出处，这里就不现拙了。倒可以为我前面的微博作一说明。

1-215 20世纪70年代，"知识分子"们有一阵打家具风，我用了一厘米厚的小板条做了一只板式

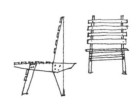

1-215 板式小椅子※（自绘）

1-216 巴黎阿拉伯研究中心※（自拍）

1-217 仑干尕庄园※（自拍）

1-218 墨水在水面瞬间的形态※（自绘）

1-220 艺术作品：武汉灰※1

结构的小椅子，体会到了今天人们说的"诗意的建构"，那是我的第一次。晚上睡前躺在床上还把"作品"放在桌子上欣赏，很有"诗意"的味道。这把椅子没有榫卯，受力合理，制作方便，还很有现代味，用了七八年未坏。

1-216 让·努维尔是我很崇敬的一位法国建筑师，他没有以老大自居，在创作著名的巴黎阿拉伯中心时，他邀请了音乐家、画家、历史学家等一起讨论，这些人里，就他一位是建筑师。我们今天的建筑师往往只当工匠，排斥其他社会领域的人，很难出好作品。既然大家都在谈"诗意"，可缺乏诗意的人们相互感染，行不？

1-217 斯里兰卡的"国宝"，已故建筑师杰弗里·巴瓦走了一条与社会、自然、艺术和谐的创作之路使我对他的作品入迷。在参观他的居地仑干尕时，久久徘徊不愿离去，它朴实，不张扬，没有矫饰和浮华，达到了天人合一的境界。他本人也是园林景观设计大师，并有画家、雕塑家、文学家等经常在一起的小团体参与。

1-218 小时候，雨后地面上坑坑洼洼里有些水面，很平静，像镜子一样。我从墨盒里滴几滴墨汁在水面，立即就不平静了，墨点随即任意地化开成云雾、山水状，纤细而又浓淡适宜，水面的运动被揭示出来了，由不可见变为可见。这时用一张棉纸轻轻地往水面上一拓，就是一幅水墨画了，可见的瞬间形态被记录了，思之。

1-219 这也像建筑空间建构过程，揭示出未被可见的空间是一种诗意的乐趣。常听人说，某建筑背面更好看，原因是以前建筑教育往往是先平面，后立面，至于背立面就被忽略了。正由于此，建筑的一些潜在的未被开发的、未见的诗意自然地显现于建成后，其实，这正是建筑创作中的奥妙之处。所以阅读建筑最好身临其境。

1-220　昨天晚上，几个法国学生来山居，又问了什么是建筑的话，其实去年他们来时就问过，我觉得越来越不好回答了。存在的和即将要建成的建筑，并不是人们所想的建筑。我只是说，既然从事了建筑师这个职业，应该是个乐观的理想主义者，不能太悲观。尽我们的力量让人们和自然签订个条约，和谐地相处就好。

1-221　人们心目中的建筑，除非是他们自己所用，一般是用形象为标准来评价。但建筑两个字里还包含着空间、光影、空气、温度、环境、历史、坚固、设备、经济、声音等以及心灵所再创造出的特殊意境，非形象、隐喻所能传达的。建筑是一个极大的场，也是一个朦胧的，变化的场。景随情移，人随场变，说清更不容易。

1-222　深山里，庙宇斗栱挑檐下四角悬铃，微风徐来，铃声叮咚悠扬，打破四周的静谧，以声波的存在引起人对庙宇建筑的联想。夏日的蝉喧，阶前的蟋蟀，远村的狗吠，凌晨的鸡鸣都在为建筑做铺垫。没有生活，没有环境，没有这种和建筑的千丝万缕的缠绕，就没有建筑了。诗意的消解，标志着生存价值的扭曲。

1-223 我在埃及神庙※7

1-226《世界聚落的教示100》封面※1

1-227 雪夜访戴图※1

1-223 这是我在埃及神庙里光线从上面射下来时的形象。没有光，就没有建筑。

1-224 建筑师常见的错误：南北向单元式住宅，三单元一栋。而两侧单元靠山墙的一间，窗照样朝北开，起码有一间可改为朝东开啊；还有把厨房设在客厅的封闭阳台上，客厅就没有阳光了；审查图纸时，我绝不容忍的是住户的房间全部朝北。喊着关心人的生活，但为什么在设计时就忘了呢？这与老板无关。

1-225 用悟性与开窍来认识建筑也许有作用。我当前的随想还是建筑与人，想用迂回或散漫的方式接近主题，但还要一生的时间来回答。如果用"诗意"建构建筑，创作就是诗意的发酵，而它的范围太广了，被人们认为是匠人的建筑师们能具备这些吗？前面已略提及，仅是光与影就值得一个人去终生探求，何况这只是极小的一角。

1-226 我桌前有一本书：日本原广司的《世界聚落的教示100》。聚落是建筑的本原，这本书里提到了与建筑有关的至今依然的对建筑的剖析，我只举一些目录如场所、秩序、庇护所、呼吸、光、浮力、时光流转、黎明、黄昏、叠加、风景、波、土、离散拓扑、石、山谷、沙、差异与类似、边界等多条都是诗意的组合。

1-227 先录两段历史故事：《晋书·列传第五十》记载（徽之）尝居山阴，夜雪初霁，月色清朗，四望皓然，独酌酒咏左思《招隐诗》，忽忆戴逵。逵时在剡，便夜乘小船诣之，经宿方至，造门不前而反。人问其故，徽之曰："本乘兴而行，兴尽而反，何必见安道邪！"

1-228 宋代陶学士以雪水烹茶，曾问党太尉家故妓，党家是否会如此烹茶，妓曰："彼粗人，安得有此？但能销金帐，浅酌低唱，饮羊羔美酒耳！"

1-228 销金帐，浅酌低唱，饮羊羔美酒耳！※1

1-229 前面两段故事都是讲意境。"雪水烹茶"是一种雅趣，如红楼梦里的妙玉；销金帐里，浅酌低唱，羊羔美酒是另一种豪爽的情景。但叙述者以陶学士"愧其言"表示了他的取向。其实，大可不必，雪水烹茶的人不一定是穷酸文人，销金帐里的人也不尽然是荣华富贵。这世上就怕攀比，衣食无忧，各司其美，就坦荡了。

1-232 颠覆与思考※1

1-230 王徽之也是大书法家，独酌独咏，兴致袭来，便在雪后的月光中乘舟行百里，享受了沿途的景物，抒发了胸中的块垒，意境也没有了，访友就索然了，为什么不回呢？这意境不是想要就会来的，与每个人的素养、悟性、学识、性情以及想象空间有关。人对建筑空间的感受何尝不是如此。

1-231 一座小楼，放在雪山峡谷中如世外高人俯视万象；于湖光山色里犹如人间仙境；在无边大漠使人奇想蹁跹；但在江南烟雨小巷，就是小楼一夜听春雨了。不同的人，在不同的境界里感受到的也绝不会一样；同一个人，在不同的心境下感受也不同。昨日还称赞艳阳高照，明天就向往绿荫成片

1-233-1 古典人体工程※1
1-233-2 灵学负能量※1

1-234-1 和谐※1
1-234-2 象牙走私※1

了，这就是造化和变化。

1-232 知识分子在福柯的眼里已经死亡，没有评判与怀疑，只想建造理论已没有意义。大学如果没有独立思考和学术自由就不是大学。当今世界里，变化，变化加速、模糊、难预测、不确定性、突变成为最明显的特征，人类对自然的损害已引起反思。所以我的微博本质是在颠覆与思考。

1-233 建筑与人的关系太复杂，人在建筑的空间里以今日学科而言，几乎包含了大部分，其中还有正在兴起的灵学、人体工程学、精神物理学等等，所以在我的随想里主要从历史的变化中探讨相互权重的演变。其实建筑空间的本质就是人。没有了人，空间会有，但就不是建筑（包括城市和园林景观）了。是与非皆出于人。

1-234 物是人非，人面桃花只能是此情此景。当人把自己看做万物中平等的一员时，他对空间的要求就是和万物和谐，不去显山露水。如果把自己看为凌驾于人与万物之上，他就要千方百计地显示威严、尊贵、慑服。空间屈服了权力，人与自然万物就出现了异化和对抗。诸位请放眼扫描一下，千万不要为被慑服而激动。

1-235 差别仅在于人的社会分工不同，在人格上是平等的。在下班以后或相遇于马路，或相见于餐厅，没有高低贵贱之分，不用清场，不用警车开道，不用点头哈腰，毕恭毕敬，只需互相平等地致

1-237-1 迪拜沙漠的夜晚※（自拍）

1-237-2 在哈里发塔前※7

敬而已。既然建筑本质就是人，也应如此相互尊重。

I-236 以建筑就是人的视点去认识空间，不会被表象迷惑。人和群体有各种各样，但建造空间的目的却出于私利，也包括建筑师在内。人类陷入了怪圈不能自拔。在做道德自我救赎的同时，却在变本加厉地自我扩张。更何况今日世界上的很多国家并没有真正的民主与自由，权力和金钱主宰着一切，路还很远但危机已来临。

I-237 2009年的最后一晚我在迪拜沙漠里的帐篷中喝了一杯在这个国家很少出售的威士忌以抵挡寒意。再过三天，828米高的世界第一高楼哈里发塔就要落成开张了。望着这包裹着银白色的金属和淡蓝色玻璃的由大到小收分直插天空的尖塔，我万分迷惑。尤其在当年由于债务危机世界唱衰迪拜时，为什么要建造它？

I-238 与此同时，在阿富汗、伊拉克，已经没有什么像样的建筑了。尤其伊拉克也曾因为石油在城市和建筑中也辉煌过一阵。与迪拜的奇迹相比，反差为什么那么大？这使我想起了"朱门酒肉臭，路有冻死骨"的名句。建筑和城市的命运掌握在什

1-238 战争中的伊拉克※1

1-239 "岁月的痕迹" 水彩画※(自绘)

1-240-1 上演残酷的罗马
竞技场成了珍贵的遗迹※
（自拍）
1-240-2 罗马皇帝对基督
徒的迫害※1

1-241 沙贾汗郁郁终生的
红堡※1

么人的手中？难道世界会一直这样下去？在中东谈什么生态，环保呢？

1-239 辉煌的历史遗迹也只能供凭吊，作家张承志在格林纳达以极为忧郁的心情咏叹西班牙穆斯林王朝的衰落。我画过一张"岁月的痕迹"的画，是夕阳中乌兹别克斯坦撒哈拉夏勃兹帖木尔大帝所建"白宫"已毁坏的巨大身躯。当年帖木尔说：要想知道我，请看白宫。这位野心勃勃的君王现在静静地躺在撒马尔罕的陵墓里。

1-240 中国有一本在世界上很独特的小说《封神演义》，它里面所有的人物，包括残暴的殷纣王，不管生前是正义还是邪恶，演完了舞台上的角色都在封神榜上成了神。建筑也相仿，当初建造的功能结束后，就站在封神台上受供养了。但这不是演出结束，而是历史和记忆为它们添加新的光彩，甚至大于原来。复杂不？

1-241 有时建造者的本意也达不到。莫卧儿王朝的第四代君王沙贾汗为他的爱妃泰姬建筑了伊斯兰建筑王冠上的宝石——泰姬陵。他本来的意愿是死后和泰姬葬在一起。可事与愿违，他的儿子软禁

1-242-1 巴黎公社社员墙※1

1-242-2 巴黎圣心教堂※
（自拍）

1-243 铜镜残件※（自拍） 1-244 叹息桥※（自拍）

了他，他只能在红堡里隔着水面，远远地望着落日里闪闪发光的白色大理石的圆顶郁郁终生，他没想到倒给后人留下了灿烂辉煌。

1-242 巴黎公社的社员墙和圣心教堂是两座你死我活的带着血腥的纪念场地，它们的距离也很近，但如今都是人们要去怀念的地方。历史翻过了一页后，它们之间的枪声与鲜血凝固为沉思的无形空间。而且国人最喜欢去的地方是同一高地的红磨坊，这也是一个充满了历史记忆的载体。估计老佛爷店若干年后也会怀念国人。

1-243 这是几件铜镜残件，是我一片片拼接起来的。我想，它原来的主人应该是什么样的？它们出生在何处？辗转时空走了那些地方？最后到了我的手中，以后又要去哪里？这几件古物在文物贩子眼里因为残破没有什么价值，在当时也是很普通的物件。这使我想起了建筑，时间越久，由人的活动和行为，成记忆空间而珍贵。

1-245-1 圆厅别墅※（自拍）
1-245-2 华盛顿杰斐逊纪念堂※1

1-244 建筑的复杂性源于它的物质产品特性和长久性。历史的建筑就如人们所说，是石头的书。可能当初它的出现并不光彩，也许还带着血腥。但

1-246-1 路易们的炫耀※1
1-246-2 到凡尔赛去！※1
1-246-3 路易十六上的断头台※1

1-247 伊斯坦布尔索菲亚大教堂※（自拍）

过去了，人们还会在威尼斯的圣马可广场附近望着叹息桥遐想，但悲剧消失了。所以在评论一座建筑时，要把它放在一定的场所，威严、豪华和奢侈并不是让人们去羡慕和模仿的。

I-245　在意大利维琴察，帕拉迪奥的圆厅别墅是建筑学学生的必读。当年杰斐逊任美国驻法大使时，对帕拉迪奥很倾心，常去那里。回国后也推行了帕氏风格。他去世后，华盛顿的杰斐逊纪念堂就是圆厅别墅的样式，可见人对建筑的作用多大。但我不敢恭维，在维琴察实地看它时，印象不好，空间不适用，是形式在主导。

I-246　所以，看到我国各城市中铺天盖地的房地产广告：皇家尊贵，帝王享受，至尊区位，欧洲名苑等等，不用我多提了。但他们忘了路易十六是怎么上的断头台的。人们当时，狂奔呼喊：到凡尔赛去，到凡尔赛去！要注意，这不是羡慕心仪而激动，是革命！是要把国王送上断头台的呐喊！在建筑中炫耀豪华富贵是愚蠢的。

I-247　原来的皇宫等特殊的建筑，大部分已改变为向公众开放的博物馆等。伊斯坦布尔的圣·索菲亚大教堂，在奥斯曼帝国时被改成了清真寺，现在也是博物馆了。建于1800年的美国白宫面积为5100平方米，用了二百多年还在用，比我国很多区政府还小。既然是公仆就不能说皇帝能住我也能住的话了，总会有一天人民会成为国家主人。

I-248　世界上有六十多亿人，不会有完全相同的。建筑就是要满足各种各样的人不断变化的需求，这是最本质的。当然，需求有合理与不合理，能否实现等诸多表现，在我国，这种个性的需求都被边缘化了，千城一面被认为理所当然。扼杀个性，是最大的不人道。这和美国人强行推行自己的价值观，让世界都喝可乐有何差别？

I-249　不要把建筑说得玄而又玄，什么深度空间，维度转移等，好像是少数人的阳春白雪。那是忘了建筑是干什么的自我表现而已。世界上每次建筑的各种大奖评语都很直白，国人都能看得懂。你就是为几十亿人服务的，你讲的话是建筑鸟语，怎么能为大多数人做设计呢？把吃饭说成"维系生命的基础操作"就成学者了？

I-250　所以，建筑就是让人用得方便、舒适，看着心情舒畅，空气好、阳光充足，水、电、暖合适，环境美，花钱不多，环保，交通便利，购物就近，孩子上学不难等最基本的得到保障就是天降大福了。尤其让天下人都能这样，地球就是天堂。但今天官员们、开发商们、规划师、建筑师们能有多少心思放在这"民生"上。

I-251　看一个国家建筑与城市的水平，主要看大量的居住建筑与环境。人人都说杭州西湖好，但到了莫干山一带就和国内大部分城市一样了。我们天天在喊节能，拿易燃的聚苯板做外墙保温材料，发生了多少火灾啊！其实，改进门窗的质量的节能效果不见得比用聚苯板差。我们的住宅质量和我国当前的国力很不相称。

I-252　住宅质量差但价格高得吓人，走在北京街头，感到自己很寒酸，60平方米的房要近二百万（五环附近）。我的收入算不错了，也只能伸伸舌头。但看看质量就要摇头了。在投入、设计、施工质量和设施标准方面还很差。就拿窗外的遮阳百叶说，它可以在夏季使室内温度降2~3摄氏度，还节能环保，欧洲国家采用已非常普遍，而我们没有。

I-253　北半球，太阳冬至和夏至的高度角相差很大，夏季太阳以七八十度的角度投射到墙面，而冬季的阳光可以二三十度的斜角投向房间的深处。这样从古代开始住宅就有了挑檐或廊，进而围合成"庭院"，冬夏皆宜。今天光秃秃的

1-252 欧洲住宅窗外遮阳百叶已成标配※（自拍）

外墙和窗直面寒风和骄阳，还要消耗更多的能源来维持基本"维护"需求。是倒退还是进步？

1-254 除了基本的民生需求外，好的具有较高艺术价值的城市和空间，还可以给人以潜移默化的影响：提高文化素养，鉴赏力，也能激发人的创作欲望，接受美的熏陶。尤其那些朴素的内涵很深的、创造性的、生态的空间艺术形象，将在很长的历史区段给人以辐射。但这样的建筑与空间被平庸和媚俗淹没了，在浮躁中难见。

1-255 建筑不是杂耍场※（自绘）

1-255 建筑与城市不是竞技场、杂耍场。不是要竭尽全力地打倒对方，而要在和谐的空间里相互对话、陪衬，像谦谦君子那样礼尚往来。和而不同，魅力各异。击败对手的不是靠大、高、怪，而是全方位地为社会服务。把根本不同功能的几个建筑，做成五个同样的花瓣状，美其名曰鲜花一朵，人成了玩物！

1-256 底线※（自绘）

1-256 建筑与人的关系中，最可怕的是"大人类沙文主义"、"大建筑沙文主义"、"明星建筑师沙文主义"、"权钱沙文主义"等。它们往往主宰了建筑和人，使人和自然屈从于它们。所以以建筑和人里，最普通的人才是主人，人权状况的好坏也决定着建筑与城市的好坏。建筑不是乌托邦，更不是世外桃源，我们不能太陶醉了。

第二章
对建筑的不断认识

2-001 水果建筑"创意"?（自拍、自绘）

2-001 在会场上有一盘水果，我开玩笑地对朋友说，我可以把它画成建筑。建筑可以被这样设计出来！？

2-002 一张纸上，一个小孩和毕加索各画了个圆圈。试问：除了毕加索的名气和收藏价值外，从艺术的角度看，两个圆圈的差别在什么地方？求教有识之士。

2-002-1 毕加索的画※1
2-002-2 儿童的画※1

2-003 在当前中国，以创新名义，和传统决裂，颠覆一切的一些人，竟然热衷于过圣诞节啊？！

2-004 解构和建构也是打碎和重组的关系，严格地说，打碎了的鸡蛋壳只要方法得当，完全可以拼接还原；当然，把碎片重新组装成另外的形象也是可以的，还可以被一些人冠以艰深难懂的名称。但它还是蛋壳的碎片啊，同样地还要承受地球的引力。

图2-005 理性与感性不同的画家（自绘）

2-005 理性与感性：极端的理性和感性对建筑的认识也极端。有人看到海就想到美人鱼，有人认为只不过是氢二氧一罢了，唯理性者还会说海水里有几十种元素呢！

2-007 2011年中国最丑陋的十大建筑的评选结果※1

2-006 "摸着石头过河"在今日的释义:在变化中掌握大量的、瞬间的信息,决定下一步如何迈出。每一步都得这样,建筑创作如此,治理国家何尝不是。

2-007 看到媒体对2011年中国最丑陋的十大建筑的评选,我高举双手赞成。请注意,其中有三个就是用土地收入和纳税人的钱盖起来的。从评选签名看,见有布正伟、顾孟潮、王明贤各位老朋友,向你们致敬。大家还记得现代建筑创作小组的活动吧,2012再来评一下吧。

2-008 老布是一位才华横溢的建筑师,率真、激情。每次会上我都很欣赏他的发言和老顾的打岔。我们都在小心翼翼地避免去直面建筑批评,讲一些听不懂的玄妙的语词,是不是越看不懂的建筑才是好建筑?越听不懂的建筑理论才是好理论?难怪今天很多博士论文的标题总是怪怪的,挖尽心思,生怕别人弄明白不显水平?

2-008 老布发言总是很有激情(自拍)

2-009 有没有可以通吃的建筑理论?我肯定地回答:没有。尤其在当代,不可能有。所谓"理论",就是思想和思索的过程。过程终结,理论的任务就完成了。但我说的是,可以没有建筑理论,但

2-010-1《走向新建筑》※1　2-010-2《建筑的矛盾和复性》※1　2-010-3 詹克斯宣布"现代主义"灭亡※1

不能没有思想。思想指引你每一步的迈开，但不能保证你步步正确。有必要建立什么框架式的，系统的新的建筑理论吗？

2-010 从《走向新建筑》到《建筑的复杂性与矛盾性》一直到"解构"等等，谁建立了一套建筑理论的框架和体系？再没有《建筑十书》至今还有些人在引经据典那样的书了。早在1972年美国爆破了一个居住区，詹克斯就宣布"现代主义"灭亡了。理论是要有的，但是动态的、变化的、起作用的是思想片段的火花。

2-011 一辈子想搭建自己的建筑理论框架的人，也许有吧？但成功的没有，或者自以为有，其实，像皇帝的新衣那样，人们不愿说出来而已。在舞台上演戏可以，但以为观众信以为真，那可恐怖了。我经常说着世界在变，变化加快，而且难以预

2-011 理论框架三部曲（自绘）

测的话，也以此审视和批判着自己。

2-012 要当真，不要对号入座。杜撰些建筑论文的题目：移动景观不可见层的建构、城市缺失空间的四维可视性、隐蔽建筑场所失忆、飘——城市的内核属性、城市树木话语权的救赎、自由流——颠覆传统核心空间的参数值、道路——沉重而扭曲的经脉梳理……现在流行这个。

2-013 银色世界（自拍）

2-013 早上，在蓝天白雪中，看到刺眼闪烁的雪光中一根根一团团枯黄的草把自己的蓝色的身影拖得长长地印在雪地上，有节奏，有布局，自然而大美。突发奇想把它们放大若干倍，人像蚂蚁一样行走在其中，蓝天，银色世界，金黄色的各异的躯干和蓝色的投影，在摇曳，在发光，如果它是城市空间，多纯粹啊！

2-014-1 在复杂的数学公式面前（自绘）
2-014-2 在建筑面前（自绘）

2-014 到现在，我仍然苦思什么是建筑？如有来生可以选择职业，我愿去当一个风景画家，哪怕清贫。建筑太复杂，包括太多，加之又和金钱、权力、价值取向、民族地域、个人好恶、审美标准、建筑材料、技术、需求的变化与发展纠缠不清，建筑与非建筑、建筑师与非建筑师、永久与临时也分不清，但人们似乎都懂建筑！

2-015 天然洞穴不算，搭建和砌筑如河姆渡、半坡遗址，直至中、西亚的"篱笆墙、密肋小梁"，人类用天然的"物"为自己的安全、舒适提供了空间。不管怎么说，它们也是建筑，而且非直线。到了当代，蒙古人、萨克人的帐篷还是远古的编织混合受力形态。

2-015-1 半坡渡遗址模型
※1

2-015-2 河姆渡遗址
模型（※1）

2-015-3 塔里木篱笆墙民居
（自绘）

2-015-4 哈萨克人的帐篷居
（自拍）

2-016 北京奥运会"鸟巢"的形，远远晚于"编织"空间的年代，鸟类早就在树上编织自己的空间了，当然还不能称为建筑。有趣的是，最早的建筑空间结构往往是合理的混合受力状态，并有模拟自然的迹象。因为人崇拜自然，敬畏自然，模拟和仿生是对上苍的眷恋。可惜北京的"鸟巢"还是与形态相违的杆件受力体系。

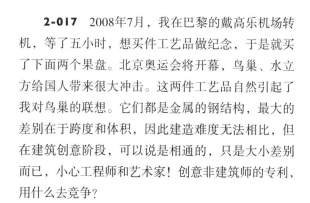

2-016 真正的鸟巢受力状态
比奥运会场馆"鸟巢"要复
杂得多※1

2-017 2008年7月，我在巴黎的戴高乐机场转机，等了五小时，想买件工艺品做纪念，于是就买了下面两个果盘。北京奥运会将开幕，鸟巢、水立方给国人带来很大冲击。这两件工艺品自然引起了我对鸟巢的联想。它们都是金属的钢结构，最大的差别在于跨度和体积，因此建造难度无法相比，但在建筑创意阶段，可以说是相通的，只是大小差异而已，小心工程师和艺术家！创意非建筑师的专利，用什么去竞争？

2-017 两个金属工艺盘
（自拍）

2-018 再说果盘：如果把它们倒扣过来，又是一个新的建筑空间创意。实际上，国内已有类似的建筑出现了。是真编织，貌似编织，伪编织，反正得流行一阵，只是没有这两件果盘那么纯净。而我对建筑的评价，简单和纯净才是神韵的精髓。意境只栖息于"简",而且不会对谁都微笑,只有心灵相通才能。

2-019 有人类社会以来,普通人对建筑内部空间的需求都不太大、太高。只要满足睡眠、起居、交往、生产即可。故几千年来,居住建筑的空间跨度都很小,也就几米到十几米吧,如果要扩大加柱列即可。中外古代的神庙、宫殿也是如此。所以罗马万神庙43米直径的大空间,差不多两千年中未能被突破,是功能和技术条件所限。

2-020 不一定"无"是建筑最有用的空间,金字塔实的成分才是法老最想表达的功能。埃及神殿里,除了巨大的石柱,还是石柱。因为那是给神用的,人的祭祀活动是在室外举行的。与其说是建筑,不如说是建筑雕塑,石头的书。所以空间虚实都是建造者的目的。这种状况延续了几千年,直到基督教出现才有了变化。

2-021 很难准确知道"拱"、"圆顶"究竟在地球上何时由人力建造出现,似应在"砌筑"时代就会发生。然而,古埃及、古希腊的建筑中扩大空间

2-020 古埃及和古希腊的神殿内部空间是密密麻麻的柱子,那是神的空间,人的活动在室外(自拍)

2-021-1 迈锡尼狮子门"叠涩"※1　　2-021-2 中国古代墓葬"叠涩"顶※1　　2-021-3 黄陵祭祀大殿屋顶(自拍)

2-022-1 埃及帝王谷的陵墓入口攀岩而上（自拍）
2-022-2 一个国王的陵墓甬道如此复杂（自拍）

2-023 1986年和吴先生在日本※7

2-025 凡尔赛宫路易十六的卧室（自拍）

的手段是"叠涩"，用层层悬挑逐渐封顶，水平力由每层之间的摩擦力承担。这种结构在中国古代的墓穴中也有。故张锦秋院士在皇陵祭祀大殿借了它的形创造了一个新空间。

2-022　现存的圆顶或拱在两千年前就有了。但我一直在想，能建成金字塔的人和技术，砌筑拱和圆顶对他们来说并不难。主要可能是他们不需要那么大的无柱空间，看看尼罗河畔的帝王谷里，进入法老的墓穴有的还要攀岩，生怕被人知道，这和胡夫金字塔是完全不同的观念。大而虚的大厅在这里无用，需求和技术相互促生。

2-023　衷心祝贺建筑界的前辈，吴良镛先生荣获国家最高科技奖！1981年初识，两次来疆，同登吐鲁番的额敏塔，长谈他的"广义建筑学"初稿，并一起去日本、我国台湾参加学术会议，吴先生的执着、善意、求索令我难以忘怀。尤其1993年在台湾我说自己感到很紧迫时，他说：你还紧迫，我才紧迫啊。顿令我汗颜，至今难忘。

2-024　吴先生的获奖，传递了一个信息。在欧洲，很多建筑都有设计它建筑师的名字，而且还伴随着种种传说。但是在中国，清代以前哪个建筑有设计人的名？鲁班是个传奇吧，清皇宫的设计师只能被称为"样式雷"。

2-025　从路易十三起建造的凡尔赛宫，尽管被人说得天花乱坠，但我还是瞧不上眼。因为路易们奉行的是"天赋君权"，教皇靠边了。所以他们也就挥霍金钱，奢侈无度。建筑空间呆板无序，外部也

2-026 巴黎老佛爷百货店 2-027-1 庞贝竞技场 2-027-2 埃皮达鲁斯 2-027-3 土耳其艾菲斯大
里挤满了国人（自拍） ※7　　　　　　　大剧场※7　　　　剧场※7

是符号乱用。只有华丽无度的"洛可可"在室内泛
滥，园林大道更无尺度可言。路易十六曰：我死后
哪怕它洪水滔天。还真实现了！

    2-026　中国旅游者对凡尔赛宫很感兴趣，尤其
对路易们的奢靡起居、器皿、镜厅、洛可可风赞赏，
大大超过了卢浮宫的艺术藏品。就如参观北京故宫
的人，对珍宝馆趋之若鹜，里面人头攒动，而书画
馆里却寥寥无几。这次在巴黎，和十几年前相比，
"老佛爷"里，成了国人的地盘。但有几个愿意去奥
塞美术馆去看看呢？

    2-027　在庞贝参观竞技场，感叹它和我们当时
的体育场特别像时，突然想到我们的本来就是进口
货。只是有一点到现在还没想明白：罗马人，希腊
人可以建造大到可容纳近两万人的半圆形露天剧场，
如艾菲斯、埃皮达鲁斯等。中国作为文明古国为什
么没有呢？中国古代政权允许那么多的人聚会听音
乐、看演出吗？

    2-028　对于市民，中国古代也有戏院，但规模
无法和希腊、罗马的比。更有趣的是，中国也有戏
台，演出在台上，是要仰着脖子看的；而他们的观
众坐在经过计算的层层台阶上从上往下看，需低头。
这种文化差异的根在哪里？也许有人说，中国的戏

2-028 典型的中国古代剧场
（曹龙提供）

2-029-1 古罗马卡瑞卡拉
大浴场遗址（自拍）
2-029-2 古罗马君士坦丁巴
西利卡遗址（自拍）

2-030-1 赵州桥※1

院有屋顶，难道忘了鲁迅的美文？其实，罗马竞技场当年也有篷布遮盖。

2-029 古罗马从城邦走向共和、独裁、帝国的数百年中，平民和贵族始终在为自己的利益斗争，共和观念使社会体制处于先进状态。公共社会活动增多如元老院、巨大的浴场、市场等需要更大跨度的空间。用红砖、砂浆砌石发拱和券，后来随着混凝土的使用，圆顶和大跨度拱出现了。这也是社会体制、需求和技术的促生。

2-030 中国古代的工匠早就掌握了建拱的技术，隋代公元605年，建造了净跨37米、宽9米、矢高仅7.23米的赵州石桥，也是世界历史的最高纪录。明1381年，建造了多跨拱的"无梁殿"。但罗马的万神庙43.2米的直径和高构成的空间显然是罗马贵族和市民对众神崇拜的同时表达了把自己也置身其中的意愿，人开始长大了！

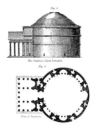

2-030-2 无梁殿 2-030-3 罗马万神庙※1
※1

2-031 其实马赛公寓的内部
不是原来想象的结果，冷冷
清清

2-031 其实，我对现代主义还是很崇拜，尤其对柯布和赖特，大师们并没有给世界带来灾难，国际式千篇一律是无能追随者的产品。大师们犯了三个错：理论太纯粹，以为今后的建筑都得如此；大建筑主义，忽略变化中的需求；想通过建筑和城市规划来改造社会制度。纽约古根海姆博物馆、马赛公寓、大巴黎规划就是例子。

2-032 现代主义的一件功劳就是革掉了两千年来盘踞在建筑身上的"古典"幽灵，20世纪初了，那些古典柱式、构图还在砖混、框架结构、高层建筑上挥之不去，现代主义大刀阔斧地砍掉了它们。从功能、空间的合理性，结构、材质、光影等展现建筑及其美，联合国大厦就是代表。可惜近年来一些中国建筑在走回头路。

2-033 科隆大教堂塔高161米※1

2-033 从两河起，可记录的文明已有七八千年，这样长的历史区段中，建筑从自然杆件搭建、编织，再到用加工后的砖石、木材、生土制品、混凝土等以墙、梁、柱、拱、圆顶为手段在地球上建构了万千的建筑与城市。但，不管面积多大，43.20米的跨度，159.38米的塔高的记录在百年前钢结构未出现前，的确太久太久了！

2-034 少无知，信"人定胜天"、"征服大自然"、"知识就是力量"，现知错。人类从自然而来，还得回归自然。彩陶时代，虽远隔千山万水，无信息交通交流，但看那全世界保存到现在彩陶上的彩绘，虽有不同，但大都貌似，何故？就像婴儿出生就会吸食母乳一样，是无意识遗传，也是生存的本能和自我保护的天性。

2-034 世界各国的新陶有共性※1

2-035 一百多年前，钢材使用到建筑中，钢结构、钢筋混凝土结构使世人大开了眼界。尽管雨果曾说，巴黎铁塔建成之日就是他离开巴黎之时，但这个塔还是耸立起来了，水晶宫也近乎奇迹。建筑

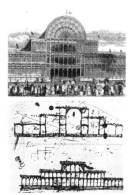

2-035 水晶宫宣告着"工业万能"※1

2-036-1 俄国的"构成主义"※1
2-036-2 马雅可夫斯基博物馆※1

2-037 未来主义者波丘尼歌颂工业生产和钢铁的狂热※1

2-038 巴黎火车站改成的奥赛美术馆（自拍）

2-039 1947年乌鲁木齐地图上还有监狱的位置图※7

的工业革命宣告着"人"的万能，人的雄心壮志到了空前的程度，他们视地球为被征服者，为所欲为地阔步前进，便忘乎所以了。

2-036 20世纪初，建筑在高度、跨度的竞赛中，依然脱离不了古典建筑的影响，高层建筑仍有古典符号、比例、构图的影子，像我国当今一些建筑的范儿。接着现代主义的出现成了建筑史上最大的一次革命，和工业革命有关的同时，俄国十月革命后的对传统的摧毁也起了催生作用。建筑和传统决裂，还有马雅可夫斯基的诗！

2-037 其实，现代主义并不是在建筑的高度、跨度上去革什么命，他们宣称了一种思想：被人误解但又很通俗的几句话是"房子是住人的机器"，"装饰就是罪恶"，"少就是多"。从此，建筑无国界，摩天大楼林立，玻璃、金属、混凝土成了建筑的同义词。俄国革命初的工业美学被斯大林抛弃后深受西方资本主义的钟情。

2-038 建筑是很复杂，现代主义奉为最高信条的"功能"，谁也无法自圆其说。巴黎火车站成了美术馆，纽约的古根海姆博物馆无法为大小不同的画提供合适的展出空间。太功能化无法满足变化和发展的需求。何况还有精神、物质功能之分，谁能说出究竟什么是功能？太绝对了就会走向反面，大狗走大门，小狗走小门。

2-039 建筑有美丑，再丑的房子只要可用就有人住，何况美与丑的鉴赏力差别很大。尤其它存在于地球上的时间越久，功能就变成了对历史的承载与记忆。20多年前，我还见过盛世才修建的象征"六大政策"的监狱，如果到现在没有被拆除，说不定就成历史文物单位了。今天，功能还必须包含对生态、环境的敬畏与保护。

2-040-1 莫斯科大学※1
2-040-2 纽约曼哈顿※1

2-040　现代主义的哲学思想和古典主义有共同渊源，即理性和秩序。但古典主义维护皇权秩序，它被1789年巴士底狱的攻陷和后来迅猛而来的工业革命打破而转为"天赋人权"的新秩序。资本主义杜绝浪漫和非理性，以经济效益为前提，很快地接受了现代主义；而斯大林为了显示权力转向折中古典，莫斯科大学就是例子。

2-041　严格说，当代中国建筑与现代主义无缘，1949年前基本是折中主义和中国式新古典，当然也有受过现代主义教育的建筑师，但无机会去实践。1949年后，是大屋顶和苏式建筑与民族符号的结合，苏联"社会主义内容，民族形式"被奉行，只有少数可称为现代建筑的实例。现代建筑作为西方资本主义附属品被批判。

2-042　人们评论后现代时，往往看重它的特征而忽略了产生的背景。20世纪六七十年代，世界上出现了很多意想不到的事：中国的"文化大革命"、法国5月的学生运动、环境污染、"越战"、艾滋病、

2-041-1 和平宾馆当时被批判（自拍）

2-041-2 北京三里河办公大楼（自拍）

2-041-3 北京农业展览馆※1

2-042-1 水门事件※1

2-042-2 越战

2-042-3 污染

2-042-4 "文化大革命"期间邮票

2-043-1 现代主义大师菲利普·约翰逊转向了后现代※1
2-043-2 研究后现代的书籍学※1

2-044 后现代建筑的先锋人物：詹克斯和文丘里※1

水门事件等。这个世界怎么了？工业的发展向信息和消费倾斜，双刃剑现象已非常明显，英雄主义、乐观渐渐消失，失望在蔓延。

2-043 现代主义的线性思维和理性受到了怀疑，从当年尼采的"上帝死了"呼出了"知识分子死了"，也许还有"人死了"等，展现在人类面前的不仅仅是美好的前景，还有残酷、灭绝、末日的恐惧。怀疑和新的思考出现了，现代主义被批评，后现代开始登台，他们的旗帜是"POST"，其含义包含着"之后"，即After。

2-044 我总觉得当代中国对后现代思潮对待有误，一种就像《美术》杂志在王仲的主持下连批了几年的后现代；而另一种则轻视了后现代在我国潜移默化的作用。依我看，后现代对当代社会出现问题的反思，对终极"真理"的怀疑，对语言、艺术形象所表达的不确定性分析，对普通人的人格的提升，开阔思路等都是有益的。被称为建筑界"后现代吹鼓手"的詹克斯，以A.D为阵地连续发表了一系列的文章，但他始终认为，后现代不是终结而是一个过程，他说过也许若干年后不提后现代了，但还会出现一个新的主义和运动。是的，苏联解体，柏林墙倒，中国崛起，中东战火，生态破坏，环境恶化，贫富悬殊，难道不应该反思、怀疑吗？

2-045　当代建造技术的发展，给建筑师们提供了近乎无限的手段，1931年苏维埃宫国际设计竞赛中选方案是一高达415米的塔，顶上是约80米高的列宁塑像，脑袋里是图书馆，以示"世界革命中心"的政治意图。我上大学时，朱葆初教授讲，钢筋混凝土结构是万能的，那是什么时代啊！结构技术根本无法和现在相比。

2-045　苏维埃宫选定设计方案图※1

2-046　近三四十年结构技术飞速发展，从砖混、框架、普通钢结构转为壳体、穿顶、膜结构、悬索、树状、网架；材料也成为合金构件和板、安全玻璃、超强塑料；建筑高度直趋千米、跨度四五百米不稀罕。这是几千年来没有的机遇啊，建筑师们都手痒痒地要一显身手了，尤其外国同行看到中国建筑规模，羡慕死了！

2-047　在网络看到一篇未署名的建筑评论，其中有一段大意是现在提建筑师责任的人，大都以责任掩饰自己在建筑创作中的无能，应该在自己的作品中体现出责任性来。最后的话我很同意，但提到责任就会无能吗？我前面已说过，既要有福斯特，也要有詹克斯。谁都有权质疑建筑师的责任心，我想看看你的作品，可以吗？

2-048　建筑从某种意义上讲也是一种"时尚"（Fashion），为什么现在"摩登"这个词不太流行呢？因为它曾在20世纪30年代左右引领了一种潮流，谓之"老摩登"，所以人们需要划清界限，而用Contemporary来厘清，以示区别。尤其建筑界把Modern只当做一个历史名词，用以标注"现代主义"这个特定的时期。

2-049　既然是"时尚"，建筑就和哲学、历史、文学、绘画、音乐、雕塑、政治、宗教等以及形形色色的流行纠缠在一起了。它不是单纯的科技，由此而给建筑带来种种的复杂和矛盾。其实，科学也一样，它和政府的决策连在一起，也不存在科学的第几次革命，而是对存在的认识和认识的方法在不断地变化中探索前行而已。

2-050-1 日本首相官邸※1
2-050-2 韩国总统官邸※1

2-050　多神教影响了古希腊的建筑，但没有影响亚里士多德的哲学观念。基督教的统一使得大教堂以多种形式出现。甚至宗教改革还导致了巴洛克建筑的繁荣。巨大的皇宫也随着时代的进步成为有限的官邸，一旦下台还得搬出去。欧洲文学中有什么，如巴洛克、古典主义、浪漫主义、折中主义、自然主义等，建筑史里都有。

2-051　在文化的大范围内，建筑与城市必然被包括，而且和种种分支有千丝万缕的连带。就像巴洛克建筑一样，表现在文学、绘画、雕塑哲学以及流行和时尚等诸方面。后现代思潮也是如此，它最早出现于哲学领域后而放射到全社会。建筑和人与社会的关系如此密切，就必然反射出世事万象，可惜这代价太沉重了。

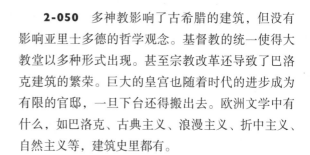

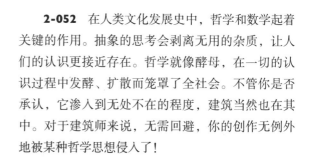

2-053 欧洲大型强子对撞机及拍摄的宇宙大爆炸的模拟图，有多少人明白？※1

2-052　在人类文化发展史中，哲学和数学起着关键的作用。抽象的思考会剥离无用的杂质，让人们的认识更接近存在。哲学就像酵母，在一切的认识过程中发酵、扩散而笼罩了全社会。不管你是否承认，它渗入到无处不在的程度，建筑当然也在其中。对于建筑师来说，无需回避，你的创作无例外地被某种哲学思想侵入了！

2-053　收到一些刊物：《工程研究》——"跨学科视野中的工程"，《中国工程科学》，《中国科学报》，《科技导报》等。《科技导报》的卷首语为"科学的发展速度永远超过人类的想象，我们总以为距离很远的事物，常常因为科学发展中那些伟大的时刻，让人感到触手可及。"这里会有标准答案吗？

2-054　建筑徘徊于物质生产和艺术创造之间，对它的认识和评价就特别困难。似乎人人都懂建筑，人人都可以造建筑。所以，它的越界比其他工程技术比如大坝、桥梁等要早，要纠缠得多。甚至"时尚"也介入其中，工程产品里和艺术哲学最接近的大概是建筑了，这就需要建筑师们不能仅以"工程技术人员"自居。

2-054 千手观音建筑师（自绘）

2-055　以服装的"时尚"为例，T形台上表演、展示的一般不能直接穿着。它只是反映了流行的趋势，给人们以启发，或引领某种潮流和审美情趣，较之建筑它的金钱成本就低多了。时尚的服装可以不穿，绘画可以不看，音乐可以不听，但花费了大量资金的建筑不能像时装那样引领潮流。

2-055 建筑不能像时装那样引领潮流※1

2-056　我不反对建筑师对创造性和个性的探索和追求，而且认为这是一个建筑师难能可贵的品质。但为了时髦而时髦，不顾环境、不在乎花多少钱，毫无意义地扭来扭去，那不是在创作，是在亵渎我们生存的地球。更可悲的是，扎哈做了什么，就会有一批人跟着学，如果扎哈还有自己的哲学观的话，模仿者的灵魂里则是空的。

2-056 追随和模仿（自绘）

2-057 谁是主人?（自绘）

2-057　建筑和艺术、美学的交叉，造就了建筑师的特殊地位。对于那些什么福禄寿形象的建筑和它的设计师，大家是嗤之以鼻的。但对一些以"参数设计"，"高科技"为旗号的"时尚"建筑，就很难鉴别，其中良莠不一。但我认为，一切人类发明的高科技，都不能取代人。过于依赖计算机，就会失去人的最可贵之处。

2-058 这是飞机的参数设计图，不仅仅是外形※15

2-058　我对"参数设计"的理解是全方位包括结构、设备、机电、功能、环境为一体化的合理的优化与选择过程。只有这样才可能像仿生那样成为生存竞争优胜者的建构形态，才能像设计飞机、汽车那样去设计建筑。但现在有一种潮流就是用计算机的各种软件形成千奇百怪的各种形状去哗众取宠，有胆量去这样设计飞机吗?

2-059 深奥的建筑语言（自绘）

2-059　似乎人人都懂建筑，谁都可以对它指手画脚，对那些奇形怪状但又毫无道理的形象说好说坏，在"钱与权"的地位上肯定或否定。这就是建筑和各种社会思潮混在一起的副作用。其他工程技术领域，搭上几个叫人听不懂的科技词汇，什么量子、粒子、阵矩等就可以叫一些人哑口无言。难怪有人故意把建筑说得玄妙了。

2-060 非理性的天堂※1

2-060　工程技术和科学在很多人看来是理性的，所以建筑好像是理性的人。但理想和信仰在一定程度上具有非理性的色彩。自古以来人们有着过自由、幸福生活的愿望，《圣经》和《可兰经》里都有到处流着牛奶和蜂蜜的天堂的描述。那是科学吗? 绝不是。就在近二百年来，各种"乌托邦"曾出现过并被认定"非科学"而被否定。

2-061　任何时代，对追求自由和幸福的人和学说我都是尊重的。向往人类社会走向美好的未来一切学说和政党也应给以肯定。但这里有太多的感性即非理性的成分，人们要问的是：真能实现吗？人之间真能全部沟通和信任吗？人类的自私和贪婪怎么才能消除？历史不能让人们一次次地失望，人类社会总不能被童话领着走。

2-061 天堂的神话（自绘）

2-062　尼采说过，科学和艺术是苦难人生的两盏明灯。既然是明灯，也就是信仰。尼采在这里表达了他对拯救人类社会未来的无奈与遗愿。其实科学和艺术中，都有理性和非理性，两盏明灯都有不靠谱的地方。每个人都可能有不同的信仰，就像"人不为己，天诛地灭"也是一些人的信仰。对于"美好"各有所求，不必求同。

2-062 两盏明灯都有不靠谱的地方（自绘）

2-063　建筑师这个职业，应该有其信仰的底线：那就是你是为社会、为人、为环境做积极的服务。表现个人是其次的事，这和诗人、画家不一样。因为你花费的是社会、别人的钱，你的成果要在自然有限的时空里占据一席之地，它不是自家的客厅，可以让你随意折腾。时尚、潮流、跟风、模仿等不是一个好建筑师的作为。

2-063 自家的客厅可以如此，因为它不面向社会大众 ※1

2-064　建筑师不能把自己看做是纯工程技术者，埋头于建筑技术中啃规范、构造。一级注册师只是执业的入场券，并不能说明你就是个好建筑师。从学科交叉看，建筑师还应该是一个学者型的人，除了技术还要对哲学、美学、历史、音乐、社会学涉猎，更重要的是关注时势、人心和弱势群体，关注环境和未来，才不负职责。

2-065 信仰也是百花齐放
※1

2-065 当今人们都在说"信仰危机"，认为只有信仰才能挽救社会，但信仰究竟是什么？宗教也是一种信仰，如果信仰=宗教，好像就难以拯救社会了。所以，信仰应是一种宽松的范围，容许百花齐放，不必是同一个梦。其核心应是让人类和环境和谐相处，人人平等，让生活更美好。从这点出发，建筑师应是有信仰的人。

2-066 因为建筑师的职责就是为社会和人服务，由于耗费资金和资源，还必须走可持续发展的路，他就必须有信仰。这好像是一种悖论，建筑与城市本身就是一种巨大的资源消耗，对生态造成极大的损害。那么有信仰的建筑师、规划师必须把专业的精力注意节约、节能以及环保上，而不是以怪、高、大、费为目标。

2-067 除了对现代主义大师们的敬意，纵观当代世界上明星建筑师，除极少数，尤其被中国同行推崇的几位都以规模宏大，造型奇特而闻名，可惜他们的作品中对环保和节约是不太在意的。渐被冷落而我特别钦佩的印度的柯里亚，埃及的法赛，斯里兰卡的巴瓦也是继柯布以来伟大的建筑师，但他们的作品里一直很重视环保。

2-068 这样的城镇难道不是现代化？（自拍）

2-068 中国究竟怎么了？众多的人口、有限的资源、迟滞的技术、不相称的全民文化素养，以及创造性人才稀缺的背景下，大兴土木，成为世界最大的建筑工地，出现了央视大楼这样奇怪的建筑。在一片欢呼声中，中国的建筑师们进入了狂欢时代。但国家的发展并不是以高楼林立为标志，不然请看瑞士和北欧诸国。我们的病根在哪里？

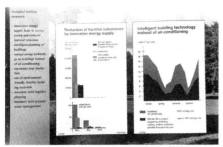

图2-069 早在20多年前德国对建筑环保的部分要求 ※9

2-069 值得庆幸的是，世界上有些国家真的在重视可持续发展和低碳生活了。德国就是一个很好的例子。早在20多年前，他们就研究不用空调，用空气对流和冷水通过天棚降温，屋面及地面雨水全部收集用于灌溉，尽量用植物油代替矿物油做动力，把夏天的热量储藏到冬季，高温限制机动车行驶等等。而我们只在口头上喊。

2-070 为北京暴雨中遇难的人默哀。61年不遇，也怪不了谁，但要谴责那些幸灾乐祸的。我的职责要提醒有关当局：城市市政设施投入巨大而看不见。不要只关心地面上看得见的宏伟与繁华，并以此显示政绩与优越，更不能把城市当舞台布景。欠债要及时还，不能以牺牲为代价，让后人偿还。此话只有在此时说才有人听进。

2-070 北京广渠门的悲剧
※1

2-071 人们常说"敬畏之心"，但究竟敬畏什么呢？古人敬畏天地、鬼神；道学家提倡敬畏伦理道德，但这里面经常是非不分。我想人们应给敬畏会造成共同毁灭的自然以及维系人类社会不至于崩溃的核心价值：那就是平等、友爱、尊重和幸福的生活而不是独裁、欺凌、杀戮和贫穷。更不是敬畏权力、武力，和装神弄鬼。

2-071 造神（自拍）

2-072　物理学家在探讨"上帝粒子"时，对它有强烈的敬畏之心，但建筑师们在向自然挑战时，就缺失了这种敬畏。地球还不至于缺乏承载不下人类需求的地盘，何苦在沙漠、海边、市中心建造直趋千米的超高层大厦！现代主义的黄金时代那是另一种哲

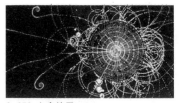

2-072 上帝粒子※1

学观，是大人类沙文主义表现，如今该反省了，地球的资源毕竟有限！

2-073　在建筑与社会这个题目下，着重提到了由于建筑的特殊性而强调了建筑师的社会职责和建筑艺术的依附地位以及由此而来的对自我的约束。但建筑师不能深陷入工程技术专业的包围而不能自拔，应是一个博学者和思想家。大量的信息和边缘学科可以激发创造力，站在更全局更宽阔的高度用第三、四只眼去观察与创作。

2-074　见过不少"校审专家"、"施工图专家"，他们也都是建筑师，这也是分工造成的吧，他们理应受到尊重。数理化100分的学生，不一定是个好建筑师，但都在这个大池子里游泳，所以建筑师也是多元的，专业的分支必然导致埋没人才。在这里说句有人不喜欢听的话：好建筑师要有一定的天分、熏陶和才情。

2-075　建筑一词有多重意义，在英语里有building、construct、structure、architecture等，但建筑师却是一个即architect，这称呼在我国是最近20多年争取来的，原技术职称里没有建筑师。其实，建筑就是含混的，发电站和大剧院、纪念碑和普通住宅、库房和博物馆在建筑艺术里没有可比性，但都要建筑师去做。

2-076　为了说明构筑美，不得不回顾一下百年前的"未来主义"，它起源于意大利，比现代主义早，其背景是工业革命、科学技术高速发展的同时，对人们还在传统的观念里迂回的不满；再加上无产阶级革命的浪潮，要推翻旧世界，和传统决裂，便成为迅速扩散的运动。处于革命动荡中的苏俄首当其冲，表现极为活跃。

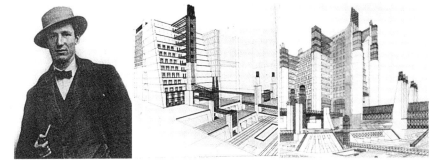
2-077 安东尼奥•圣埃利亚和建筑想象画※1

2-077 "未来主义"和"现代主义"一开始
都和共产主义革命有关，那是一种推翻旧世界的热
情，和《共产党宣言》一样。1914年7月意大利的年
仅26岁的建筑师安东尼奥•圣埃利亚以建筑想象画在
展出的《前言》，就是著名的《未来主义建筑宣言》。
为了让大家有一个直观的印象，先放几张最典型的
"未来主义"建筑的想象画。

2-078 《宣言》激烈又直指要害。如"是利用
所有技术、科学资源来建造的问题，是睿智地满足
我们物质和精神全部需求的问题，是践踏所有一切
荒唐与对立的东西（传统、风格、美观、比例）的
问题，是确定新形式、新线条、轮廓与体量新和谐
的问题。一座建筑它存在的理由只能从现代生活的
独特条件下寻找。"

2-079 《宣言》里还说"未来主义建筑是基于
计算的、大胆勇敢以及简洁的建筑；是运用钢筋混
凝土、钢铁、玻璃、纸板、纺织纤维的建筑，所有
这些材料可以替代木材、石材、砖块，使我们获得
最大的弹性和光照"。抗争"所有古典建筑：庄严
的、神圣的、透视法的、装饰性的、纪念性的、漂

2-080 未来主义建筑绘画
※1

图2-081 今日地球真是"未来主义"所描绘的吗?(自绘)

2-082 在列宁眼里电气化就是生产力的最高阶段了※1

2-083-1 大工业给地球的损害※1
2-083-2 工业污染※1

亮的、惹人喜爱的东西"。

2-080 不必引论《未来主义建筑宣言》的更多内容。简单地说,他们要以新的工业科技代替所有旧的建筑与城市,建立新的价值和美学体系,和传统彻底决裂,改天换地。所以他们认为一切是动态的,美和艺术也在变化中,钢管、火车、道路、高炉、电梯、金属、混凝土都可以是艺术,展现美。但"一战"爆发使它夭折。

2-081 无疑,"未来主义建筑"的观念到今天还有闪光的成分,尤其在全球化背景下,新技术和材料使得建筑像魔术师的盒子那样千变万化;新的美学、新艺术向工业制造里渗透,艺术不再是那些传统艺术家的专宠了。动态和变化在那时提出更难能可贵,似乎"未来主义"和今天是那么合拍,百年前的话还能指导现在吗?

2-082 其实,20世纪初,颠覆、反叛存在于一切领域中,未来主义建筑也只是其中的一方面,但其宣言的确说得很彻底,表达了对工业技术革命如何改变世界,改变人的信心和憧憬。但从想象画里可以看出,还有历史的局限,所谓的"未来"也就如图所示吧。就像列宁说过的"共产主义就是苏维埃政权加电气化"一样。

2-083 历史就是这样,20世纪初的晚于工业和科技发展的随之而来的社会思潮的浪潮却在20世纪下半叶受到了又一轮的怀疑和批判。根本原因是人们看到并领受了工业革命带来的负面作用。工业和技术挽救不了人类的未来,那种像蛇形蜿蜒的机器建筑与城市，不是人们向往的家园，更不是人类的未来，他们当时太乐观了。

2-084 我对伦敦奥运会开幕式评价甚高。它表达了一种思想，即历史发展到今天我们应有什么样的价值观。在惊艳和娱乐中从国家和社会位置上提倡什么，尊重什么，反省什么，而不是一味地展现厚重、宏伟、了不起等。历史、环境、普通人、生活、平民化，这才是他们亮相的真实目的，女王替身从天而降我们会做吗？

2-084 伦敦奥运会简朴、热烈※1

2-085 今天来看圣埃利亚的建筑想象画，也就是早期现代主义所能表达的，其材料是以混凝土和钢材为主，形象上也难以摆脱传统、古典构图的约束。我不能说现代主义乃至蓬皮杜中心是受了圣埃利亚建筑画的影响，因为一种运动、主义的产生是涌动的潮流，至于谁先上岸，举起旗帜无关要紧，总会有人出来的。

2-085 蓬皮杜中心只是把建筑的内脏翻了出来，和"未来主义"不同※1

2-086 可记得"天上没有龙王，我就是龙王，喝令三山五岭开道，我来了"的豪言壮语吗？未来主义者还真有这种气势，当年的马雅可夫斯基就是那样，那种姿态、语调，连列宁都受不了离开了会场。这是人类的新的愚蠢与膨胀，要征服自然，改天换地，做痴人梦语，可当时谁清醒啊！只有自然惩罚人类时才可能清醒些。

2-086 豪言壮语※1

2-087 把工业和科学技术看作可以做到"各尽所能，各取所需"的保障，在今天不会有人相信了。但在二三十年代的欧洲包括苏联却迷信它，歌颂工业产品，把它们当做全新的艺术。美和艺术不分，

2-087-1 毕加索立体主义作品《格尔尼卡》局部※1

2-087-2 杜桑的作品《泉》
※1

传统艺术形象解体为抽象、立体、达达等，反而造就了感性统治的时代。但工业产品艺术在设计史上却树立了自己的地位。

2-088 美不等于艺术，就如人、自然风光的美不能称为艺术一样，但经过人和机器加工的工业产品美，到了一定程度就会上升为艺术，尤其舒适和适用的产品更易对美的事物联想而产生美感。工业建筑一般会美但难以成为建筑艺术，大量的民用建筑也是如此，没有必要争论建筑是不是艺术，可以成为艺术不等于都是艺术。

2-089 美和艺术，美与不美很难划分，那不是创造者的事。过分地刻意地表现什么建筑艺术形象可能会适得其反，建筑师们经常有这样的经历：一座建筑的背面反而更好看，因为它没有被折腾而是按功能素面出现。所以一般我把建筑创作归于"建

2-088 工业建筑和设施有美但不是建筑艺术※1

2-089 功能的伦敦塔桥和一座住宅显示的功能美※1

筑美"而小心地使用"建筑艺术"几个字，有时，全按功能需求的建造会更美。

2-090-1 在皇权第一的中国宫殿都要在皇帝的有生之年用上，急功近利，所以大量使用木材※1

2-090 叫我把大剧院、音乐厅、图书馆、美术馆、文化宫等功能与规模不同的建筑做成一朵金属和玻璃的"雪莲花"放在乌鲁木齐，我不会去做，职业准则与荣誉不容许。

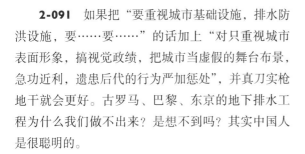

2-090-2 违背功能的建筑设计（自绘）

2-091 如果把"要重视城市基础设施，排水防洪设施，要……要……"的话加上"对只重视城市表面形象，搞视觉政绩，把城市当虚假的舞台布景，急功近利，遗患后代的行为严加惩处"，并真刀实枪地干就会更好。古罗马、巴黎、东京的地下排水工程为什么我们做不出来？是想不到吗？其实中国人是很聪明的。

2-092 一座建筑物都有资格去表现美，有些美是本身的功能和结构、材料带来的。美处处存在，就像自然风光一样。建筑只要顺应环境、满足功能、建构和经济合理、精心施工，一般会带来美。所以对大部分建筑来说，不存在"建筑艺术"的境界，只是美的追求与表现，没有必要为此争来争去，为归类和学科浪费时间。

2-092 没必要争来争去（自绘）

2-093 的确，建筑学在欧洲曾设在美术学院，在法国尤如此。但时代不同了，建筑早已从古典构图、大理石、花岗石的雕刻；梁、柱、墙、拱、圆顶围栏中跳出来了。传统的建筑语言如节奏、比例、韵律、对比、虚实、线条等也失去了它们"所指"的含义。学院的经典早已没有指导意义，建筑从"艺术"的殿堂里开始分离。

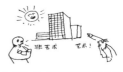

2-093 分离（自绘）

2-094 这种分离并不是建筑与艺术的各奔东西，而是在一种更大的场所中的松散关系。在追求美的海洋里，还会诞生新的建筑艺术的"维纳斯"，但那是极少数了。不是美的建筑都可以登上艺术之榜的。当今那么多的学生报考建筑学专业，学校的录取分也最高。我想，他们之中将来大部分将只画施工图，可惜了高分的人才！

2-095 "威尼斯商人"剧照
※1

2-095 经常想，建筑美有没有相对的大众认同，似乎有又似乎没有。但人就不一样了，例如公认的美女一般不会有人说丑陋。而对一座建筑评价就有云泥之别。记得俄国一位文学家说过，少女会歌唱失去的爱情，而商人不会歌唱失去的金钱。从中隐约可以感悟到一些什么，大概是"诗意"在起作用吧。建筑美有诗意吗？

2-096 人类是同一物种※1

2-096 虽然在地球上有几十亿，但从外星人看来长得都差不多，就像外国人看中国人一样。也就是说人的美是在基本结构上的共性造成了可比较性而显示出的。这是审美的前提，也就是当前常说的"场所"，在这有限个场所里人们容易感受到共同的情感与体验，也就会达成共识使得审美有了相对的标准，而风马牛就难了。

2-097 人和人之间沟通的差异（自绘）

2-097 和人之间的千差万别和共性是对人的审美基础，虽然每个人都有自己的一把尺子，大致不会差别太大，当然不算极少的变态者。但外表和内心比，内在的审美差别就太大了，道貌岸然下是伪君子，艳若桃花下是蛇蝎心肠；屠夫被称为伟大的君王，英雄会被涂黑。这是因为人类思想的空间太虚幻了，以至于无法沟通。

2-098　建筑美的判断更难，因为建筑不像人类，有相似的身躯。古典时期的"三段式"即屋檐、墙身、基座构图原理早就不存在了。建筑的类型、规模千差万别，很难在比较中鉴别，尤其现在不可能用适用、经济、美观几个字作为唯一的标准去评论，或作为管若干年的方针。但应该有一些与社会发展相合拍的思想与准则。

2-098-1 欧式和中国古典的三段式建筑（自拍）

2-099　对多元的建筑行为也需多元的评论，前面提到的"未来主义"以及"建筑美"等都存在于特定的场所。"未来主义"实际上是"大工业、大人类沙文主义"的表现，但他们对后来发生的事无法预见。可怕的是，已经在百年之后看到了那些恶果的人还要按照"未来主义建筑"的宣言去做，就失去了"人类"道德的底线。

2-098-2 当代非三段式建筑※1

2-099 矶崎新的"断裂"※8

2-100　据悉，伦敦奥运建筑除了"伦敦碗"、游泳馆和巨型轨道塔雕塑外所有的场馆都将被拆除，又一次说明了建筑的复杂和界限的模糊，在高倍的显微镜下，任何用肉眼看到的明确界限都是不确定的。关于建筑有一定时间性的判定，在这里却是错了。所以我们更应关注分分秒秒的存在与过程，这是当今研究和判断的前提。

2-100 被拆除的"伦敦碗"※1

2-101　被拆除的那些场馆，它们也是建筑。把林立的建筑当做成就来显示那是另一种炫耀的心态，让世人瞻仰、膜拜，那不是大众的心愿。老百姓更关心自己的衣食住行，空置的场馆要花费大量的财力去维护，与可持续发展相违背，难道就是因为办了一次奥运会？这种事在当年悉尼奥运会就出现了，所以被称为绿色奥运会。

2-101 悉尼奥运会建在垃圾场上，大部分场馆是临时建筑※1

2-102　英国人，伦敦人并不认为那些被拆除的建筑会给他们的城市带来荣耀和美，伦敦的建筑已经够多了，他们更愿意显示历史、市民和生活，办一场全民的奥运盛宴而且不浪费纳税人的钱，重要的是他们比悉尼更注意环保，注意建筑材料的临时性和再利用。在当今科技的手段条件下，伦敦发生的一切都会被记载和保留。

2-103　烟囱再也不是发展和进步的标志了※1

2-103　把建筑、广场和大道作为繁荣和进步标志的时代很快就要过去了，就像20世纪50年代把烟囱林立当做发展的标志一样。记得一位著名的美国记者70年代到乌鲁木齐红山就看到山下一片烟囱而感叹并以此写了一篇赞美的文章，如今看来很可笑。伦敦人不会惋惜那些被拆除的场馆，只抱怨对英国的各种赛事报道不过瘾。

2-104　伦敦奥运会对建筑来说是一个转折点，奥运会的主角是运动员和全世界的观众，是精神、活力、竞争和交流的大舞台，建筑仅仅为这些服务，如何更好地满足这些需求，更节约、更环保、更可再生利用是基本宗旨。离开这些去搞大建筑主义，浪费资源，给后人留下包袱是错误的做法。

2-105　国际奥委会主席罗格在闭幕式上对本届奥运会的评价是："伦敦奥运会是一届充满快乐和荣誉的运动会"。这就够了，若干年后谁还会记得那些被拆除的场馆呢？可那些激动人心的瞬间却存在于人们的心中。对外表和形式过于追求，把金牌看做一切，并想征服什么，把一切归功于领袖，就像皇帝的新衣那样可笑。

2-106 北京奥运会开幕式我很荣幸地坐在观众席上，虽然6个小时的桑拿浴使我的衬衣被发放的有红色图案的袋子染红了，各国政要也都脱去了西装，但我还是被震撼了。事后我想这次奥运会开幕式真会空前绝后了，所以把入场券珍藏了。

2-106 北京奥运会开幕式（自拍）

2-107 当时我就想，中国已经做到这个份上了，英国怎么办？他们肯定会扬长避短。果然看了他们在闭幕式上的8分钟就明白了，他们不会和我们比规模，比宏伟，比震撼，而是比平民性，刺激、新奇、惊艳，显示环保、可持续，这次他们基本做到了，而且还很在乎每一个英镑，一方面是本能，另一方面还有纳税人的监督。

2-107 北京奥运会闭幕式上英国的8分钟（自拍）

2-108 科学和艺术，都有一种爆发的现象，在某个时期创造和创新如潮涌，但还会出现一个低潮期，有的人可能永远沉没了，所谓江郎才尽。灵感这东西一直在神秘地捉弄人，但我觉得它的出现要有条件，一是生活与信息的积累，二是情感尤其是爱的催化，至于第三条最玄了，它是第一和第二发酵在冥冥中爆发的排序。

2-108 灵感的激发※1

2-109 对生活缺乏信心的人，没有激情与爱的人，不去在浩瀚社会各领域贪婪地吸取信息的人，在文化和艺术的行为中很难有成就，因为他没有灵感爆发的资源和动力。

2-110 在混沌与模糊的边界区，信息和感觉就像太阳表面那样动荡，此时的信息也是混沌的，但它们不是常态，突然日冕升起，就算是灵感的出现吧。人们能预测吗？不说太阳，就人的激情与灵感而言，大概只有心灵的物理沟通与云计算里的信息爆炸可观测灵感的积聚，从这点来说灵感的破解是无望而可追求的，就像夸父。

2-111 既然灵感和创新不可预测，但人们可以培养有丰富灵感和创新精神的人。那就是"本原"的教育（这是我杜撰的词条），幼儿园里，老师画一个红圈，再加一些射线，就对孩子们说这是太阳，以后孩子幼小的心灵里就扎下了这种形象。为什么不先说而叫孩子们自己去各种方式去描述他们感受到的太阳呢？误人子弟啊！

2-111 抹杀创造性的教育（自绘）

2-112 当前教育对灵感和创新的扼杀有目共睹，多说也无用，但又怎么改变？5年前我就不带硕士生了，这两年博士生也不敢招了。在各种场合里的讲话从上到下总有几段是一字不敢差的，连宴请的套话也都出于一辙，还谈什么创新？谁来回答钱学森生前最后的一个问题？我们生活在各种要、要、要中，哪里能独立思考？

2-113 莫奈的《日出·印象》※1

2-113 当莫奈的《日出·印象》展出时，引起了巨大的轰动，于是有人就戏说为"印象派"，不过后来真成了正式冠名。因为画中的太阳不是人们自以为是的那个，后来大家开始理解了。印象派画家开辟了对光和对象的进一步深化的认知。可惜我当年所受的美术教育是苏联所谓的"社会主义的现实主义"，害得我至今难以自拔。

2-114 "赤壁赋"中关于"变化"的一段（自书）

2-114 前些天在日志里写了一篇"重读前赤壁赋"，先把其中的一段摘录一下："我觉得苏轼并不是不识变化，只是在匆匆的人生旅途中不愿意去看那些变化而已，否则徒增烦恼，且去聊发少年狂更好呢"，这使我想到了人类社会在200多年以前早就认识到了瞬间的变化及不可预测性，但为什么后现代哲学又把它重提呢？

2-115　这200多年来究竟发生了什么事情，使得人的认知发生了巨大的动荡。先驱者如梭罗、米勒、高更早就厌倦的大城市的生活而逃逸至乡村和孤岛，中国人早有天有不测风云的话了。但今天的知识和科技界却对新的变化忧心忡忡，是什么促生了这些忧虑和担心呢？我认为是工业革命和科技发展的负面作用造成的。

2-115 高更的画《我们从哪里来？我们是谁？我们往哪里去？》※1

2-116　我对能源危机并不认可，爱因斯坦的$E=mc^2$里，C是每秒30万公里。所以只要找到合适的，安全M就可以了。当前最紧急的是环境、生态的破坏，可再生物种和生命的灭绝。200多年前，人类虽然认识到变化及不可预测，但没有得到科学的证明和残酷事实的教训。尽管梭罗躲到了瓦尔登湖，那是厌倦城市，并不是先知。

2-116 爱因斯坦的能量公式※1

2-117　科学与艺术，已经讲了好多年，尤其在我国好像是一个很优雅、讨人喜欢的话题。但说来说去，不外乎达·芬奇，文艺复兴的绘画与透视；印象派、毕加索、达达里与玻尔的量子力学、爱因斯坦的相对论等。但科学家还是科学家，艺术家还是艺术家，绝不是表面上那种简单地划分，因为持以上说法的人往往两者都不是。

2-117 科学和艺术的结合※1

2-118　其实，大艺术家和大科学家都有一种疯狂和执着的心态和海阔天空的想象力，基本上属于

2-118 神秘粒子※1

感性、或称非理性的场所。执迷、忘我，俗话说走路撞电线杆，全身心的投入，它本身就是艺术世界了。相对论的简洁公式也是艺术，爱因斯坦也对冥冥之中的神秘无法解释。所以从哲学层面看，在顶端科学和艺术是没有界限的。

2-119 人和人都是平等的，虽秉性不同，对社会的贡献也不同，但只要本分地生活就行。正如契诃夫说的，大狗有大狗的嗓子，小狗有小狗的嗓子，只要按上帝给的嗓子叫就可以了。所以科学和艺术在今天很难得兼，虽在哲学上同源，但还是有所归属，就像花与果实一样。都从土壤里吸取营养，形态不同，但是和谐的统一。

2-119 大狗和小狗※1

2-120 科学与艺术的行为在每一个具体人身上发酵和表现都会不同。全世界的每一个人，很难用一种简单的数学模式来归纳他们。最主要的是对人全面地教育，过去说的因材施教早被应试教育抛弃了。全面素质的教育，启发独立思考的教育就像阳光、土壤、营养催生了各有特色的万物，而不是单一的物，但也是和谐统一。

2-121 音乐的跑调谁都可以听出来（自绘）

2-121 建筑与音乐有很多类似的地方。我曾在建筑与音乐美学的比较中对符号、节奏、韵律、象征、联想做过探讨，但至今有一个问题没解开，那就是音乐中的"不协调"、"杂音"、"跑调"等没有音乐修养的人都可以感觉到，绝大部分小孩都会"跟调"，除了五音不全者。但建筑的跑调是什么？建筑的和谐又是什么？

2-122 建筑师的悲哀（自绘）

2-122 如果建筑师不能坚守自己的职业准则，

不为社会、民生、环境、未来着想，仅仅为了独特的造型，那你就会败给结构工程师，因为他们想到就会做到；也会败给儿童，因为他们没有成见；更会败给艺术家，因为他们更浪漫。你丢失了自己的独特位置和有利地形，建筑学的专业就白学了！

2-123 几百年后的人类看当代，一定会说那时多落后啊！也会痛心我们多不珍惜地球！在空间和形态的建构过程中，仿生还处在原始阶段，飞机和飞鸟还无法相比，建筑空间更不用说。我并不主张建筑是方方正正的才好，蜗牛"居室"的合理性令人叫绝，但新空间是需求和技术、环境和谐的产物，水到渠成，不能逆天行事。

2-123 蜗牛和蜜蜂的"居所"很合理※1

2-124 在我们这个行业中，有各种各样的学术研讨、交流会，但多为介绍自己的作品，业内称为"拉洋片"，外加一些"理论"阐述。但要小心啊，听的人都有水平和评价能力的，你是被审视者，说多了狐狸尾巴就露出来了。尽管你头顶光环，但听众绝不都是找你签名的粉丝！

2-125 关于"理论"，《现代汉语词典》里是这样解释的："人们由实践概括出来的关于自然界和社会的有系统的结论"。实践、概括、系统、结论大概是其中的要点。拿来套建筑理论大概也是如此，但在当代中国建筑的语境中，不管是重构语言，还是提出"XX建筑"，都是苍白，难以自圆其说。

2-126 三十年前陈从周先生就说过中国园林是文人园林的话，如今"文境建筑"、"意境建筑"、"本土建筑"、"地域建筑"，甚至还有"非线性建筑"、"托

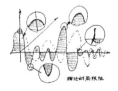

2-126 理论的局限性（自绘）

斯卡那风建筑"、"新中式建筑"等等，都想建立一种自己的体系，框架理论。这些能改变别人的思考吗？大家都说理论的空白，我想空白总比误读好。

2-127 和一些外国建筑师接触，觉得他们并不很在意看来很深奥的那些各树旗帜的"理论"，心态很平和，他说他的，我干我的。记得在东京的筑波中心，一位日本建筑师不屑地说矶崎新的"断裂和碎片"中唯独没有日本的东西。很多大师被别人划入某种主义和流派而不满，而国人热衷于站队的习性不自觉地成了应声虫。

2-128 以建筑的名义推销自己就得想出一个响亮的创意语言，就如房地产商的那些广告词一样，不同的是这里被包上了一层"学术理论"的外衣，如这就是建筑理论的话，最好不要。我是C·詹克斯的忠实读者，但他并没有创建自己的理论体系，但被人说成后现代的吹鼓手，从20世纪70年代起，我一直关注着《AD》中他的言论。

2-129 C·詹克斯本人却一再说，后现代这个词会过时的，但建筑观念的变化和更新会一直进行下去，他只是用颠覆的眼光评论眼花缭乱的建筑现象，企图弄清下一步在何处落脚。他既不过时，也不落后，更不跟风。他是我心目中的理论家，但却没有框架和体系。在一些人看来，没有提出任何的1，2，3，不够系统，但正是这些启发你如何去思考。

2-130 如果说有一些"看不懂的文本"，那不是理论；有些教你按规定去1，2，3的实践也不是理论。我很欣赏"熏陶"两个字，没有理论也可以创

非线性建筑
新科技＝新建筑？(译文)
[英] 查尔斯·詹克斯（Charles Jencks）原著
(1998年)

2-128 作者翻译的C·詹克斯的一篇文章※1

2-130《没有建筑师的建筑》※1

造出好的建筑作品，《没有建筑师的建筑》那本书之所以风行世界几十年就是证据。过于强调理论对实践的意义，恰恰说明了当前建筑理论的困境，理论两个字没变，但内容变了。

2-131 设想编一个写小说的程序：背景，人物，起笔，情节，冲突，高潮，结尾都已有框架，输入一些关键词后，一篇小说就出现了，甚至可以得到叫好声。注意，这不是笑话，这样的小说我未曾目睹，但这样的建筑却有了。我怀疑将来的建筑师会不会变成机器人？但建筑师愿不愿成为机器人？

2-132 我有一部奇书：增补事项统编。凡十二册，很小，是用来科举考试夹带作弊用的，康熙三十八年始印，我这本是光绪戊子年增补印行的。感触下回再说。

2-132 袖珍《增补事项统编》(自拍)

2-133 这本书共93卷，袖珍本，便于夹带，分天文、地理、地域、技术音乐、宫室、器用、果、木等，无所不包。看似一部百科全书，实则全是文赋体，即快速行文的参照。顺手拈来，文章就会洋洋大观。这是我见到的最早的写作指导，不见当前书店里种种的"怎样画X"，"怎样写XX"的书太多吗？建筑速成也不例外。

2-134 "理论"这两个字也许会一直存在下去，但对其释义会有种种版本。理论是用来指导实践的？还是对事和物在平等界面上的交流和沟通？理论是树立权威和经典的？还是探讨方法和过程？在我国建筑界有人说我是走在创作和理论的双轨上，起码说明我对建筑理论是非常在意和愿意探讨的，绝不属"反理论"的阵营。

2-135 这类书对谁有用？

2-135 我个人倾向于把建筑理论作为探讨、交流、不断认识什么是建筑的过程，有了这个过程，建筑作品就会有深度和立足点。急功近利地想找某种理论做枪手，想做出好建筑是不可能的，就像我在前面介绍过清代八股考试的夹带本或市场流行的"情书大全"一样，这绝不是理论！这种理论和实践离得越远越好。

2-136 如果说当年的文丘里、艾森曼有自己的理论和实践的话，别忘记那是后现代潮流涌动的黄金时代，他们都有后现代的哲学基础。这一过程已逝者如斯了，但解构和批判的精神还在，只不过在金钱和权力的诱惑下，建筑被一些不负责任的大腕糟蹋了。这大概是詹克斯们所料想不及的，这才是理论和实践的最大脱离。

2-137 建筑理论如果有，它没有指导意义，它是一种和建筑师以及他的作品互相融入的过程。有理论思想的作品，不用你去解释在什么理论指导下完成的，别人会感受和评价的，你越解释越说不明白。常见有人在PPT上先把自己的"理论"介绍一下，然后就介绍自己的作品，有时感到很生硬，甚至前后矛盾。

2-138 废话连篇（自绘）

2-138 看到电视里的成语大全比赛，想到今天的教育可称为"成语"式。本来语言这种符号很难准确地描述对象，一经成语化，更成了规范，更会模糊不清，扼杀了语言的创造力和描绘对象的准确性。我不反对成语，但希望尽量少用成语；每个人都应有自己的语言，成语太多就苍白了。难道我们的教条还少吗？

2-139 静思、冥想才能谛听天籁，园中草各种，都在不断地冒出，蚯蚓雨后爬出泥土在阳光下干枯，蜘蛛的网总在不适宜的地方粘在我的手脸，那高原上骄傲的波斯菊，只要给它们地盘就会迅速地占领，小鸟、蜜蜂、蝴蝶更不用说是常客，天空中偶尔飞来一只鹰，一切都有话语权、生存权。人和它们都是平等的吗？

2-139 波斯菊（自拍）

2-140 茶叶从盒里撒到地上，是生活中的尴尬。但它们降落过程及最后在地上的排列是无序中的有序，都有因果。对建筑师而言，更多地要去寻找为什么它们会这样，世上没有无因果的事和形，追求它们徒劳。M·A·罗杰的那幅画道出建筑最早原型的真相。刀郎人的"编织"建筑是对这幅画最好的注解，不要标识和自诩天书。

2-141 英国学者罗伯特·布雷福特说："可以肯定的是，如果没有阿拉伯人，现代的欧洲文明就根本不会出现；如果没有他们，欧洲就不会扮演那么一种超越所有先前进步阶段的角色，如果不是受阿拉伯文明的影响，在十五世纪，真正的文艺复兴就不可能发生。"可是在偏见、愚昧与无知中多少人能明白这些话的意义？

2-140-1 茶叶落地（自拍）
2-140-2 "编织"建筑（自绘）
2-140-3 M.A.罗杰的建筑画※8

2-142 在白雪的化妆下，一堆堆建筑垃圾似乎也很美！但它毕竟是垃圾！

2-142 建筑垃圾上的雪（自拍）

2-143-1 圆厅别墅（自拍）

2-143-2 在帕氏雕像前留影

2-143 去意大利的人不少，但对维琴察知者不多。它的城市名片就是建筑师帕拉迪奥的作品。这位影响了后代几百年的建筑师主要作品就在此。当年杰弗逊特别推崇其圆厅别墅，回美国后造了不少帕氏建筑。除了盖里在毕尔巴鄂，以一位建筑师扬名于世的城市少见。图是我1996年拍的并在帕氏雕像前留影。

2-144 前年在山居的一个夜晚法国贝勒维勒建筑学院的几位学生忧心忡忡地谈到结构工程师将要代替建筑师，因为他们掌握了建造空间的手段。我说要履行建筑师职责。过两天在网上见有人说提职责的说明无能。我陷入悲哀：论想像、浪漫比不过儿童和艺术家，论手段比不上工程师、机械师，说职责又被指无能。穷途末路了！

2-145 建筑要付出大量资源和金钱的代价。当代的大牌明星建筑师有不少就为钱、权服务了。私人财团有钱烧得慌，你把它当作绘画何尝不可。先进国家建筑受到监督，谁敢把建筑当作玩形式的浪漫？纳税人会骂的。只有不受约束的权力、财团以及私人大老板才会器重这类的建筑师。不是有人用黄金手纸吗？

2-146 本来形式和功能的界限很含混，把它分类那是理性主义的拿手戏，一只碗一般人认为外形就是形式，但有用的空的部分也有形。至于几千后的碗又成了没有使用功能的文物。硬要拿老掉牙的分类学说事，打起新旗号，何苦呢！请问：纪念碑的形式是不是功能？

2-146-1 文物失去了使用的功能（自拍）
2-146-2 现代工艺品空的部分没有使用功能（自拍）

2-147 审美和被审美，是互动的。所谓内行看门道，外行看热闹就是。所以艺术品都是给知音看的。提高全民的文化素质是促进文化繁荣的根本。在不大的斯里兰卡首都科伦坡，常见学生在各种绿茵场上踢足球，在中国能见多少？这种素质下中国足球住进了奢侈品的橱窗，还能指望什么？

2-147 新疆少年足球场※1

2-148 重复和元件组构形成气势，这蜀葵很平凡，但多了就不一般，建筑何尝不是如此。没有母体的繁衍都想独特，只不过是一厢情愿的事。

2-148 重复的蜀葵（自拍）

2-149 连驴子到了一个新的地方，都会改变饮食习惯，喜欢当地的食物。可是一些外国建筑师到中国就那么格格不入呢？（见美国Science2013，4月26日版）

2-149 自拍

2-150 不受时空限定的承诺与口号必然有，等于白说。小时，有人问树上十只鸟，开枪打死了一只，还剩几只在树上？我自以为聪明地回答一只也没有了，都被枪声吓飞了。后来年龄渐长，才知回答还有100只也可，因为没有时间限定，第二天是有可能的。这使我想起了莎士比亚的威尼斯商人和新疆传说中的阿凡提！

2-150 N多解（自绘）

2-151 我说过我是一个一生在思考什么是建筑的人，今天翻到1962年出版的关于美学的书以及我1964年阅读的痕迹，今天思考还在进行中。

2-151 被阅读过的美学书（自拍）

2-152 经常有人拿最极端的事例否认大多数人的共识，所以对建筑的评论也就复杂而矛盾。我们总不能因有人喜欢肉体被虐待来否认人们反对虐待，

2-152 以点代面其实是搅浑水（自拍）

有人喜欢悲剧美就故意去制造悲剧，这样一来水永远是浑的，不择手段地抢镜头，出风头，而忘了节省纳税人的钱，为大多数人服务，节能环保，为后代子孙负责，这叫建筑师？

2-153 物理学家观察六维世界的想象※1

2-153 英国物理学家狄拉克说："一个物理学定律必须具有数学美"，也就是说数学美学是存在的，近百年来科学家也常用美学语言来描述数学和物理的公式，但这些对于普通的非科学家是难以理解的。由此看来对人的外貌、建筑、书法、数学的审美都有不同的尺度和范围，其中对建筑的审美最为复杂。

2-154 元宝搭起的塔，被评最丑之一，但还是有人很欣赏※1

2-154 最近一些朋友又在着手评最丑陋建筑，很欣赏他们的热心和责任感。有问题不解，即人的外表美和丑，众人的评价基本差不多，为何对建筑美的看法却有云泥之别呢？一般人字写得好坏也能看出，但进入书法艺术，很多人只能会说看不懂。唯独建筑的命运特殊，谁都自以为有审判权，不会对建筑艺术说看不懂。

2-155 早醒，想到写建筑随想快一年了，但越来越觉得碰到的是一座仅仅露出海面一点点的巨大冰山。在广州的一次讲座里基本上概括了一年来的思考，但如何深入下去却捉襟见肘。想到一位同行朋友也在为此忙碌。忽然觉得，道理一说就懂，但做起来好多建筑师还得违心或违规。名利蒙住了人们的眼，只好观看杂耍和角斗！

2-156 一位美国人给我说生意上谈判有一条双方利益最大化的红线，不要越过，否则就没有以后了。建筑设计里也一样有更多的红线，人的精力和智慧不可能让各种需求满足最大化，而数字设计给人们提供了使设计更合理的方法和可能。但参数要人来定，如果有人把室内的采暖适宜温度定为14度并以此运转设计程序就糟了。

2-157 为特殊业主做住宅，规定不超300平方米。但设计过程中要求客厅、卧室、厨房、卫生间等都要大，我说面积超了，回答是一定不能超，只好在图纸说明中建筑面积一栏填300平方米，实际天知道。想起一个人拿块只能做一个帽子的毛皮叫人做5顶帽子，结果拿到了5顶戴在手指上的。我无奈，但从此后找借口不接这种活了。

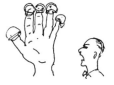

2-157 贪心的顾客（自绘）

2-158 在手工制图时代，我曾经在电影制片厂洗印车间的图纸中，加了一张上百个大大小小洞口的地板留洞图；CAD开始时，企图绘制各专业用心同色彩线条的综合图，在校审工序中将问题和错误用代码列入动态管理中。这些都是综合建筑设计过程中信息的努力，建筑师要在成百上千的需求和矛盾中按轻重缓急做出选择。

2-159 参天大树结构貌似柱、筒和悬挑。但这些构件的柔性很大，在风中弯曲、摇摆以求安全，小麦秆则是空腹的筒形结构，受力合理而省材。建筑也可以借鉴，日本大地震中人们发现建筑的刚性要和谐，刚弱相生就危险了。就像伊索寓言里在洪水中漂流的瓦罐和铜罐要保持距离一样，太近了瓦罐就要倒霉。建筑也要如此。

2-159 刚弱相生的危险（自绘）

2-160 无序中有因果排列的
卵石（自绘）

2-160 那岸边的一片卵石，大小不一，色彩和质感不一，至于来自何方，经历了些什么，每块都有一个曲折动人的故事。现在它们排列在一起了，无序但有因。就像建筑的每一个部件，建筑师要应天行事，让它们合理地出现在那里。总不能在楼房外墙上开门，但没有楼梯，人一抬脚就掉下去吧？这可不是"诗意的居住"！

2-161 对达尔文的质疑在于把进化论的绝对真理化和由此而来的线性思维。但相对而言它在一定的区段和时间里对物种进化用变异、遗传、竞争、适者生存解释了生物的万象。从这一点上说，在竞争中生存下来的生物没有像很多建筑那样直棱直角，曲面和曲线记载了亿万年的生存优化结果。建筑才有多少年？没法和万象比。

2-162 对"参数化设计"的
误解（自绘）

2-162 看到自称喜欢"参数化设计"的人，原来是意在追求新奇的曲面形状，感到很无奈。数字化以及建造技术的发展，使人们在创建建筑空间时，在更好地满足功能、经济、结构以及各种设施的优化，与生态和谐等方面比人工计算和选择方面有更大的优越性，所以会出现编织、塑造、仿生的趋势，但这绝不是一切。

2-163 看不懂的描述（自绘）

2-163 "主体乘运载器逆地球引力至30米高度，安全屏蔽从空间运动的时空转换为另一层，通过四维解锁，空间呈现出360度的细节。主选择了树状脉管系统C，进入代码，开启空间的多维功能数控，依范式提供……"。谁能看懂上面的话？这是当前建筑的流行语词。在这里开个玩笑，这段话说的是坐电梯回家开门做饭！

2-164 因果关系也是存在的，且覆盖面很广。之所以我不厌其烦地强调非因果，在于要提醒自己对任何自封正确的都要打个问号。因为那些"理论"都是根据因果，再加以包装、抽象使其显正确、权威。但别忘了，这些大厦的基础不一定可靠。人类进入了去偶像化、去英雄化、去规律化的时代，个体比抽象的整体更重要。

2-165 我很想自圆其说，但在思考的漫长过程中很难找到闭合点，经常在做自我否定。有一点可以肯定，我不可能写一本自己建筑思想体系的书。但写一些像文丘里《建筑的复杂性与矛盾性》那样的随想还是有可能的，我看重观察的方法和思考的批判。当年康德老先生写的《判断力批判》，更使我感到判断的虚无缥缈。

2-166 常说的理论和哲学都是有主人的，它不是为所有的人服务和辩护的。为了说服人，臣服人就必须穿上真理和崇高的外衣，在人们的记忆、联想和不真实的幻觉里搅拌后，就迷迷瞪瞪地被相信了，从不怀疑。过去的就算了，今天再建一个新体系，就太看不起建筑界的同仁了。

图2-166 理论和哲学都有主人（自绘）

2-167 越来越觉得是不是要把理论和哲学这两个词换个说法，因为它们本身就有很大的不确定空间和迷惑人的光芒。可以想象人们听到这两个词后的第一反应，多半是认为这是讲道理的，也有人对它们会敬而远之。本来描述的准确性就已朦胧不清，还要给以抽象化，以示其普遍性，甚至叫人看不懂，这就是理论和哲学吗？

2-168　由于人对"为什么"的思考不会终止，所以貌似理论和哲学的各种文本还不断出现。我认为人不但要知道"为什么"，更重要的是知道"怎么去做"。为什么和怎么去做之间并没有确定的因果关系，起决定的是信息量和人文价值。该不该做？如何去做？成了当代人们每日每时面临的问题，个人如此，建筑、国家何尝不是如此？

2-169　美国近二三十年的总统，除了堂吉诃德式的小布什外，其他的都是忙于处理层出不穷的国内外的事，但他们目标是一致的，信息捕捉的方法和数量超乎想象。他们也没有提出什么理论和哲学。尤其里根，在演员的生涯里大概也没有学过政治的理论和哲学。所以信仰、信息、方法是最主要的，建筑师，政治家都如此。

2-170　我心目中的"理论"不是指导型的，而是一种素养。所谓厚积薄发，是认识瞬间彼此地确认和介入，更接近一种动态中的认识方法，只要一直坚持，不走火入魔，它会对建筑创作起很大的作用，绝不是用象征什么，寓意什么，表现什么来简单地诱惑人。这使我想起了"功夫"二字。我将穷毕生精力追问：什么是建筑？

2-171　一次建筑论坛上，听一位北欧老建筑师的发言，他对自己的一个作品，从环境、功能、流线、节能、视线、细节、经济、形象、空间多方面娓娓道来，不管是艺术修养，还是职业准则都能恰如其分地表达，使人钦佩和尊重。他没有说自己是什么派，什么主义，也没有说自己是XX建筑，但人们都认为他是个好建筑师。

2-172　莱辛在《论舒服》一文中说皇帝的宝座并不舒服，但能显示威严；不洗澡是不舒服的，但贵族们的假发脸上厚厚的白粉为了显示高贵就忍了，只好用浓浓的香水掩盖臭味；贵夫人在皇宫里争宠献媚，风光无限，可惜还要在楼梯下

2-172 改造肮脏的巴黎※1

角落里去方便，舒服吗？巴黎未改造之前楼上可以
向大街倒夜壶，舒服吗？舒服屈从了什么？

2-173 任意的建筑形态建构在今天逐渐走向
工业制造。弯曲的，光滑的，冰冷的金属和玻璃产
品代替了朴素的自然和肌理以及人附加在建筑上的
情感与痕迹。今天收到学生发过来的一张3D打印出
的"西安钟楼"模型，说明建筑将来完全可以用3D
打印，数字巴洛克并不稀奇，精英的神器很快就会
"飞入寻常百姓家"了。

2-173 3D打印建筑模型（曹
龙提供）

第三章
变化与建筑

3-001 没有永恒※16

3-001 "永恒"的意义只是相对的,有时间、空间的条件。所以从哲学的观点看世界上没有永恒,当然也就没有永恒的建筑与城市。且不说庞贝被火山灰淹没,楼兰消失于风沙之中。今天万里长城还在继续倾圮,古罗马市场早已是残垣断壁,玛雅人的城市在被发现之前已被丛林、藤萝覆盖,但每日发生的事却被人们忽视着。

3-002 人们总是忽视毁灭与消失的存在,做着乐观的美梦,迷恋着永恒,总想以理性与科技之剑规划未来,制造永恒。但事与愿违,却带来了无穷的遗憾,造成了太多的破坏,给未来设置了重重障碍。说什么千秋万代,万岁,万万岁,忘了那句"天下没有不散的筵席"名言,不愿退出历史舞台,建筑与城市也是如此。

3-003 今之视昔,亦犹后之视今,人类几千年的文明史以今天的眼光看也并非循序渐进,就如达尔文的进化论受到挑战一样,突变和无法认识的间隔向人们提醒:我们对这个世界究竟认识了多少?能否大言不惭地自诩:今天的人类可以预见未来,规划未来?我经常想,人们在赞赏数千年的人类文明的同时,想过那些阴暗吗?

3-002 没有永恒(自拍)

3-003 "天下没有不散的筵席" ※1

3-004 "大发展与大破坏"的事实※1

3-005 认识与存在之间相差
悬殊※1

3-004 人类的发展史里，也充满了黑暗、谎言、愚昧、屠杀、无耻、镇压。不说更早，让时光倒退30年、50年，就会知道数不清荒唐与可悲。究竟什么是真，什么是假？何况进入21世纪的今天，变革与变化的速度超出绝大部分人的想象。20世纪下半叶世界发展的现状，把"大发展与大破坏"的事实呈现在世人面前了。

3-005 20世纪，有识之士开始了对"工业英雄主义"、"线性思维"、"终极真理"、"纯理性"的怀疑与批判。人们在认识方面捉襟见肘、进退两难。而陈腐的观念，既得利益者目光的局限，获取信息手段的落后，使得大多数人们的认识与存在之间相差悬殊甚至到了风马牛不相干的地步。这样，建筑与城市究竟何去何从？

3-006 建筑与城市面临尴尬
※1

3-006 认识和存在之间的差距从来就有，但近二百多年来人们被科学技术发展的巨大成就冲昏了头脑，过于强调人的意志和主观性，强调理性主义权威，在微观世界无限接近存在的同时在宏观上却与存在拉大了距离。遗憾，这种主客观严重分离的指挥台还在权威地发出指令、制定计划、指导实践，使建筑与城市面临尴尬。

3-007 《历史的终结和最后的人》一书的作者

3-007 福山在中国的讲座※1

福山。他正在撰写新书，不认为美国的现行制度那么完美了，权力过于分散无法做出重要决定的"否决政体"，特殊利益集团游说和贿赂的扰乱令政治制度丧失活力。福山也在变，这就是当前的世界.

3-008 城市的马路被一次次地开膛破肚※1

3-008 没有不变的建造，也没有不变的建造功能。更重要的是今天的变化一直在加速，现在十年中发生的变化和数百年前的十年无法比拟。刚建成的高楼大厦还没有投入使用就又要改造，改变功能。如银行变成了酒店，车间变成了商场，城市的马路被一次次地开膛破肚，花大心血做出的城市规划一出台就已过时，为什么？

3-009 对于这些变化，人们往往归咎为决策失误，也不完全对。因为变化的本身至今依然扑朔迷离。对理性思维的过于依赖已习惯于在变化中寻找规律，总认为变化是有规律的，并可以掌握其预见未来，把握未来。当然这种观点在局部的实验中还是有效的，但变化的不确定、无规律、无方向性已在各个领域里显现。

3-011 瞬间的画面（自绘）

3-010 无法解释和预见的事普遍存在，突变、不确定性、断续的变化也被人肯定，变化还可以在时空中跳跃、逆转。经典理论如牛顿力学、欧几里得几何、达尔文的进化论都已出现其局限性，连爱因斯坦也反对的物理学中的"猜不准原理"现已逐渐被人们接受。人的一生在宇宙的时空中太微不足道了，谁也不能自以为是！

3-011 人的认识永远是面对瞬间的画面，永远是对下一幅画面的期待和推测。正因为如此，在建筑和城市的实践中就会出现种种失误。设计和规划本身就是一种预期行为，连下一步怎么变化都不知道（有时是不可能知道），怎能不出问题。所以在规划和设计中必须要做好对应变化的准备，不能把一切捆绑得太死、太绝对。

3-012　有一种津津乐道的说法，即美国的华盛顿中央广场的规划在二百多年前以法律的形式确立了不变在于它的历史地位和建筑的耐久性，并不是合理性。就这样，东厅、现代美术馆、罗斯福纪念碑、越战纪念碑等也不是原来的初衷，它和高速公路、机场也产生了矛盾。

3-013　追溯根源，华盛顿中央广场的规划正处在工业英雄主义抬头时，已经得势的资本主义想建立一个千秋万代永不变的政体，彰显其理想。所以，它的不变本身就是一种霸气，又怎能作为当今千变万化世界中的学习榜样？现在，白宫对公众开放了，在广场旁搭建的为参观者等候的看台式座位架，也成了广场的一景。

3-014　对变化的研究正是新世纪人们探求的新领域，实验室里得到求证是人才，而对变化敏锐地

3-012 华盛顿中央广场近几十年来增加了不少建筑※1

3-013 对郎方所做的华盛顿中央广场规划一直有争议※1

3-015 波普尔说，最好的假说是终极真理的代名词※1

感受则是天才。在这个新领域里的建筑与城市面临着多方位的抉择。在这里，没有现成的道路和标准，每走一步可能对，也可能错。也许我们自以为了不起的成就恰恰会给未来带来灾难。如何审时度势，对有权决定者事关重大。

3-015 回溯两千多年的人类哲学史，纷纷纭纭，但主流是承认终极真理的存在。奴隶社会、封建社会的君王"受命于天"、"天赋君权"，资本主义革命时又提出了"天赋人权"，都说明了统治者对他"天赋"即终极真理的倚重和呵护，使其成为哲学的主流——不管是唯心的，还是唯物的，"终极"成了就是最后的裁判。

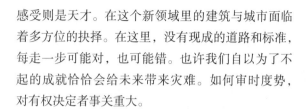
3-016 审判哥白尼※1

3-016 想想几百年、几千年后的人在赞扬祖先的同时也会为今天我们的无知与愚昧而惋惜，这样，我们就会谨慎一些，错误也会少犯一些。当哥白尼的学说出现时，人们如果对异端学说有一点宽容，就不会产生那样的悲剧了。其实，阻碍人们宽容的根本原因在于利令智昏，如果"异端"危及统治者地位时，绝不会有宽恕。

3-017 伟大的科学家似乎证明了人类的无所不能※1

3-017 18世纪工业革命以来资本主义陶醉于胜利的同时念念不忘建立一种新秩序，一种永远是资本主义天堂的新秩序。与此同时，科学技术的高速发展，对世界认识的深化，如达尔文、牛顿、笛卡尔、法拉第、巴斯德、爱因斯坦、居里夫人等一大批伟大的科学家的显赫实践似乎证明了人类的无所不能，人被冲昏了头脑。

3-018 那时人类好像把什么都解释清楚了，以为可以深入事物的核心，认识规律，把握规律，改造世界，征服自然，真正成了凌驾于地球之上的众神之王。不管是自然科学界还是社会科学界的学者们都在不断推出自己的理论，当人们的行为不是靠实践而是靠权威理论的指导时，理论，理论！成了头等大事，不受质疑和检验。

3-018 对经典理论的崇拜（自绘）

3-019 理论总有一种霸道气场，再加上一种英雄和理想的光环，经过了"不出版则灭亡"的磨炼，的确有一种不容怀疑的凛气。要怀疑它需要勇气，甚至要付出代价。由超越时空追求抽象的永恒转向对瞬间切片的显示和未显示的探求，这种观念的转变是很不容易。虽然人们对20世纪的失落和破坏有目共睹，但转变仅是开始。

3-019 谁能绘制流水的理论切片？（自绘）

3-020 在建筑创作中总希望有一种唯一正确的理论来指导，制定方向，并希望能若干年不变，比如前些年出现的"夺回古都风貌"导致大大小小的建筑都戴上大屋顶的亭子，扼杀了建筑的多元化、复杂性及变化。

3-021 把已经过时的理论强加在今天的建筑与城市中。如20世纪50年代苏联计划经济下的居住

3-020 "夺回古都风貌"时期的代表建筑※1

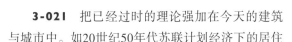

3-021 东西柏林的住宅差别一眼可看出（自拍）

建筑规范中居住区、小区、组团等已完全和我国当前的情况不同，但规范没有改，多少年了！在柏林我目睹了原东、西柏林居住区规划的差别，一句话：东柏林的和我国非常像！虽然远隔万里。

3-022 唯理性实际上潜存着对人性的排斥。它往往代表了集团、阶层的目光和利益。表现在建筑上就会出现过多的理念负荷。这种建筑强调永恒、雄伟、纪念性而忽略建筑的个性和民众。如北京西客站为显示"大门"的概念，花大钱建了个戴大屋顶的大门洞，但人流组织不当，旅客出站找不到北，它究竟为谁而建？

3-023 洛杉矶盖蒂中心，从意大利蒂沃利选了约30万块灰华岩用于外墙饰面，有意使人联想到古罗马皇帝哈德良的行宫，因为这行宫就在蒂沃利，不能说与盖蒂基金会居高临下古典永恒意识无关，更不用说今天我国欧陆式泛滥，盗版"天安门"、"美国国会大厦"比比皆是。苏联还要建筑表达制度优越，工农联盟呢！

3-024 对形式的追求是唯理性的特质，它的本能就是把理论与形式概念化和权威化。如大屋顶代表中国建筑，琉璃亭就是中国的园林特色，伊斯兰

3-022 北京西客站的大门和屋顶只有象征意义※1　　3-023 洛杉矶盖蒂中心※1　　3-024 乌鲁木齐的亭子也是符号了（自拍）

建筑必然有尖拱，假山叠石非得太湖产，纪念碑得像天安门广场的那样等真是太多了。人们不用创意和设计，把那些概念符号在中国大地搬来搬去就行，就像标语口号那样。

3-025　在国外，不管在哪个国家，走进中国餐厅，那种概念式的装修使我脸红，无非是红灯笼，木花格，财神像，牡丹花等一类的画或者刺绣，也许还会有一两张不入流的书法，加上春江花月夜、二泉映月这样的音乐，用简单、低俗、千篇一律的符号传达了"这就是中国文化"的信息，误导着西方人的"东方情结"。

3-025 外国中国餐厅的符号（自拍）

3-026　房地产商和一些官员对"欧陆式建筑"的迷恋，实际上也是概念上的炒作与包装，也许他们并不懂"欧陆式"，或者也不喜欢，但由于价值取向的错位，以为那些东西可以显示地位、尊贵，于是就泛滥了。图中一张是中国当前流行的，另两张

3-026-1 中国的"欧陆式"※1 3-026-2 真正的现代"欧式"※7

是我随便找出的西方当代别墅。不同的价值取向！

3-027 工业英雄主义必然带来建筑英雄主义。勒·柯布西耶曾想以建筑来改造社会制度，事实证明他错了，不管是"明日城市"，还是马赛公寓，都没成功。建筑师的理想如果不和变化的世界合拍，名气再大，也一样会出问题。现代主义的大师们基本上都是伴随着工业革命而闻名于世的，大建筑主义的幽灵免不了。

3-028 纽约的古根海姆美术馆委屈了陈列品（自拍）

3-028 我不小视崇高和英雄，但世界上对每一个普通人的尊重和重视更为重要，小人物的悲欢离合也能惊天动地。赖特在纽约的古根海姆美术馆里把建筑凌驾于陈列品之上，尽管它是一座纪念碑式的建筑，但委屈了陈列品，使观众难以以最佳的空间和距离来欣赏名画是失败的，牺牲功能和环境表现自己今天也大有人在。

3-029 POST=AFTER?（自绘）

3-029 自从后现代主义对现代主义批判以来，我国建筑界对此反应淡漠，不去认真研究。如果把后现代理解为"After"，谁能拒绝世界不断地变化呢？不承认变化和变革，只想维持绝对和权威，方法和思想陈旧，就会严重地阻碍我国建筑与城市的健康发展。记得吗？有人还说过环境污染是资本主义制度的产物呢！

3-030 斑马线也是权力！
※7

3-030 权力、建筑、城市是科技的、社会的、行政的综合行为。何况权力处处存在，社会人不可能逃避权力。权力既不断地拥戴理性，又推动着非理性的探索。用不着把学术自由、独立思考、批判与权力对立起来，权力的合理行使实质上是一种到达彼岸的决策过程，是在各种权力的纠缠中求得妥协的行为。斑马线也是权力！

3-031 权力的决策要到达彼岸，就必须最大限度掌握信息。"知己知彼，百战不殆"是古人名言，但要真正做到很难。用今天的眼光审视，知己知彼往往是水中月，雾中花，严格说，几乎不可能。那种动不动就说高瞻远瞩，明察秋毫，英明决策的话过时了。现代战争中导弹发射后还要根据变化的信息，不断调整方向。

3-031 导弹发射后还要根据变化的信息，不断调整方向
※1

3-032 权力的行使与决策在今天要体现出"公正性"、"信息化"和"瞬间性"。公正的核心在于对环境、大多数的民众以及弱势群体的重视。但信息化绝不是在领导的桌子上摆台计算机、上网查询就是。面对剧烈而又复杂、难以预测的变化，刚获得的信息立即可能过时，所以对动态的、瞬间的信息掌握是决策的第一条件。

3-033 在未知的道路上行驶，要应对前面道路的瞬间变化，随时调整方向和行驶状态。当一辆车走过后，因为道路还在时刻变化，不能把已知的信息变为对后者的指导，只能仅作参考。小心谨慎地在变化中摸索前进或后退，这是当代决策的特点。而我们今天的建筑与城市的决策能体现这种特点吗？实际情况并不是这样。

3-033 随时调整方向和行驶状态（自绘）

3-034 在很多情况下，不考虑城市自身的成长脉络，大笔一挥，大规模拆迁，喜好大广场、大马路。如在古朴优雅的丽江古城出现了一条几十米宽的香格里拉大道，两边全是儿童积木式的所谓"欧

3-034 丽江香格里拉大道（自拍）

陆式"建筑，这是在建设，还是在破坏？还有甚者，从国外回来，就指名照外国的某一个建筑克隆，这和决策的概念相差太远了。

3-035 总有人喜欢用"雄伟"、"气派"来评论、选择建筑，甚至用不伦不类的"洋气"给建筑定位，以个人的喜好来决定建筑和城市的大事。还有乱用新词，给与原意相差很远的规划与建筑标上"可持续发展"、"生态"、"智能"的标签。这样，权力被滥用了，公正被背叛了。

3-035 魔术师的建筑（自绘）

3-036 在媒体上经常可以看到某领导肯定了某个城市规划、居住区规划等。试问，这种肯定的依据是什么？不可否认，领导看问题的角度不一样，有全局和整体的观念，但领导不等于规划和设计的高明，不等于对信息的最大掌握。对一个城市规划的肯定应根据实践，来源于对变化中信息的分析，这不是某一个人可以做到的。

3-036 职务不等于水平（自绘）

3-037 对一个城市的规划的编制，绝不是少数人就可以做到的。要动用全社会动态的社会信息资源，花费极大的心血才可能完成。可惜，往往规划修编完成它就过时了。主要原因在于对变化认识不足，以及规划本身方法和理念的陈旧。乌鲁木齐2010—2020年的总规到现在还没有批下来。

3-037 可变化的空间※16

3-038 专家论证也不可靠，我自己也曾作为"专家"参加过各种规划和设计的评审。说实话，有时感到脸红。今天我们中的相当一部分人，知识老化，思想僵化，有时还抱着20世纪五六十年代教科书里的一些观点和条文说一些评头论足的过时的话，

3-038 老版本（自绘）

难道这不是另一种对权力的滥用？在当前，人人都要知识更新，都要再启蒙。

3-039 过去说知识就是力量，我不敢苟同，知识不等于智慧。死板的，不变的知识力量的宾格就是自然、地球和社会。如果权力=知识=力量，就更不能滥用。今天，"知识分子"的称呼渐渐不多了。如果有人还要坚守这一阵地的话，那就要不断地批判、思考和更新。人类追求知识，但别忘了它也可能是造成破坏的罪魁祸首。

3-040 通过前述，使人感到建筑与城市的步履艰难，进退都不当。但正是无路可循给我们提供了创造的活力。这就需要用另外不同的思想方式，用第三只、第四只眼看看。人们在理性的推动下，盲目信赖理性、权威，留恋"古已有之"时，（当一件新创造出现时，总有人出来说：这算什么，古已有之。）创造力就被扼杀了。

3-040 留恋"古已有之"（自绘）

3-041 而人们一旦突然进入批判和自由思考的领域，犹如一道强光使人睁不开眼，甚至迟疑、踟蹰、尴尬。多年来，建筑界的一些同行提倡建筑的唯一解，包括我在内，对此时，此地，斯人，斯建筑也曾执着地追求过。现在想想，是不是太绝对了。过于强调建筑的精确场所，很难适应变化。

3-041 只好削足适履了（自绘）

3-042 建筑师们大概都有这样的经验，投资估算书中工程量算得最仔细的反而可能报价不准。在设计中对每一个局部刻意适应反而损害建筑空间的功能。如果一套住宅设计中，客厅、卧室只容许唯一的一种家居布置，它就是一个失败的设计。因为

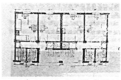

3-042 1958年全国住宅设计竞赛获奖方案（自拍）

人的生活方式、生活水平、家具都在不断地变化，回想30年前的住宅就知道了。

3-043 建筑的功能就是要满足不断变化和增长的需求。这句话在我多年前写过的文章里就多次出现了，这里着重强调的是"不断变化和增长"。建筑师们如何感受到变化呢？时代要求建筑师必须对世界有更敏锐的观察和体验，视野要更开阔。

3-044 适应动态的变化，是建筑与城市当代的特点。一个城市规划编制用4～5年，报批一两年，等出台时已时过境迁。尤其变化不断加剧，难以预测，我们的建筑与城市需要更大的灵活性、弹性和可改造性，这已迫在眉睫。而我们还在念念不忘几十年不落后，几十年不变的那些话。这是当前极为重要的大事，但被忽略了。

3-045 20世纪70年代北京前三门建了一批高层住宅，其中的卫生间没有考虑洗澡的需求，理由是"国情"。当时就有人提出，难道几十年后人们还没有在家洗澡的要求吗？1999年我在柏林用了一整天的时间参观了对原来东柏林修建的类似我国的住宅一户一户的改造工程。如果在建筑与城市中有不变的话，就是不断改造。

3-046 1999年国际建协第20次世界建筑师大会组织的设计竞赛活动中，清华大学学生的设计之所以获奖，就是面对了新世纪对建筑的挑战，把废弃的工业厂房改造成为人们生活居住的家园，试图解决变化的新问题。今日世界里对旧建筑的改造已经非常普遍，也出现了不少成功的项目。但建造几年

3-044 弹性的城市规划※17

3-045-1 北京前三门高层住宅（自拍）
3-045-2 对东柏林原有住宅的改造增加了厨房和卫生间※7

3-046 柏林一所建筑师事务所就是锅炉房改造的（自拍）

就拆除的也不少，为什么？

3-047　我亲耳听到说"我对未来不感兴趣"的法国著名建筑师让·努维尔在里昂歌剧院上加了透明的拱顶，设计北京T3候机楼的诺曼·福斯特在改建柏林议会大厦工程中所采用大胆而又符合生态要求的建筑手段非常成功。今天难以改造的建筑只能面临被拆除的命运，如唐山地震后推行的5个2.4米开间承重墙的单元住宅就很难改造了。

3-047 让·努维尔在里昂歌剧院上加了透明的拱顶※17

3-048　建筑与城市空间再也不是多少年不能动的了，空间变得更混沌，更具有兼容性、弹性和多种的适应性。这样的空间和人们传统观念里的建筑相悖，建筑怎么会成这样？但事实如此。建筑与非建筑，空间与非空间，有形与无形，都没有确定的界限。远看是山峦，实际下面是生态住区，建筑还可以像汽车一样行走。

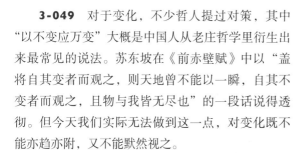
3-048 福冈Acros※17

3-049　对于变化，不少哲人提过对策，其中"以不变应万变"大概是中国人从老庄哲学里衍生出来最常见的说法。苏东坡在《前赤壁赋》中以"盖将自其变者而观之，则天地曾不能以一瞬，自其不变者而观之，且物与我皆无尽也"的一段话说得透彻。但今天我们实际无法做到这一点，对变化既不能亦趋亦附，又不能默然视之。

3-050　变化中的世界不但没有唯一解，或多元方程里的几个解。它有无数个解，而且还在变化。所以我们在无限接近瞬间、微观的同时却要用更宽松、更模糊的方法对待其存在，筹划下一步怎么走，看起来很矛盾，实际就是要在以西方的具象（信息）

3-050 东西方思维的结合（自绘）

加上东方的非具象思维亦即现代智慧来决策，虽然有风险，但非得如此。

3-051 建筑成了快餐（自绘）

3-051 建筑以石头的历史，凝固的音乐之美著称，往往和永恒与不朽连在一起，但进入20世纪时其宝座就开始动摇了。现代主义想以简洁的钢筋混凝土、钢材、玻璃另树永恒，很快就成了一个乌托邦式的神话。如今的建筑与城市衰老得比过去快多了，就像一幅幅多媒体的画面快速地翻过，建筑成了快餐，成为汽车行走时的观光。

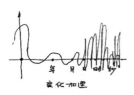

3-052 解决和处理现在，而不是奢谈未来（自绘）

3-052 如果古人说过的"后之视今"是指几十年、几百年的话，今天的"后"即是接踵而来的下一页，是几天、几个月，最多几年之后，很快人事皆非了，就像那个"POST"、"之后"很可能就发生在刚才。所以新世纪面临着剧烈的观念和方法的转变，我们要解决和处理现在，而不是奢谈未来。不管情愿是否，必须面对现实。

3-053 一幅"没有永恒"的建筑画※8

3-053 使我迷惑的是，这些话按自己关于"变化"的表述，20世纪90年代我就说了不少，似乎早已过时。但环视四周，我的话还是说早了，尤其在我国这个特殊国情的环境中，好像人们还在迷恋绝对与永恒，还在用陈旧的方法处理新问题。是我错了吗?

3-054 可能是"利益"主宰了思考的方式，常言"利令智昏"，人们好不容易获得了利益，就会千方百计朝着保持利益的方向去思考，总想千秋万代不变。其实看看周围的人，绝大部分人一代比一代过得好，尽管有不满和不足，但都知道这些都是变化带来的。尤其对于"民"而言，他们渴望变化。

3-055 传统的学科分类法也在面临挑战，一旦深入到更瞬间的存在，对象就变得模糊和难于确定了。最简单的现象如历史与文学，物理与化学，在边缘地带都有难以区分。何况今天变化莫测的大千世界里，所有的分类都是似是而非的。建筑更是如此，因为它不仅是功能的物质产品，而且也与人文社会学科有紧密的联系。

3-056 在变化、无序和不确定中，肌理却把这一切记录了。从飞机上看戈壁，在胡杨林看千年胡杨，悟得"肌理"二字是建筑精髓，因果相循，肌理呈现。儿童手捏泥巴，那是另一种肌理，建筑师不能随意把建筑捏来捏去。正是职业准则、功能需求、技术水平、艺术素养才使得建筑的肌理闪光，不是乱捏泥巴，违天行事。

3-057 肌理的产生来自有序、无序以及突变，它是物相生成的原因，有因果，但不能完全预测，但已经发生过的却明白地呈现，下图中的千山万壑都有成因。

3-058 这些巨石，经历了多少年岁月的磨炼，而出现在这里被排列着，无序而有序，有因有果。

3-057 千山万壑都有成因（自拍）　　　　3-058 新疆吉木乃神石城（自拍）

3-059 胡杨的每一扭曲都有
因果（自拍）

3-059 谁也无法预测，胡杨树会长成什么奇形怪状；但谁都能看到千年胡杨今天的样子。谁都知道每一扭曲都有因果。绝不是某个大师信手画出来的"形式"！这"形式"是超然物外吗？

3-060 突变难以预测，但已发生了，就有因果。虽然未知，因还是存在的。说形式和功能可以分开，对建筑来说就是灾难。何况形式中也肯定功能。至于反对一元，要创新，不强调对称，比例等，今天的每一个建筑师都会说。难道要打出一面形式与功能分离的旗帜？

3-060 恐龙灭亡的因尚不清
※1

3-061 要说"变异"，其实正是达尔文学的基本点：变异，遗传，物竞天择，适者生存。老掉牙了！

3-062 逝者如斯，盈虚如彼，卒莫消长，天地曾不能以一瞬等话也是我的观察点。在变化的瞬间以理性的信息和非理性的感性抉择可能有误，但总比无为好，而且优秀的决策只能如此，如今没有风险的行为几乎没有，故人们都忧心忡忡地面对各种突变的压力，这是一种进取的心态和行为。

3-063《双城记》※1

3-063 《双城记》里狄更斯的开篇：这是美好的日子，也是苦难的日子。这是才华横溢的年代，也是愚昧无知的年代。这是信仰坚贞的时期，也是怀疑一切的时期。这是灿烂辉煌的季节，也是暗淡无光的季节。这是希望的春天，也是绝望的冬天。我们拥有一切选择的机会，其实我们一无所有。正在走向天堂，正在坠入地狱。

3-064 攻克巴士底狱※1

3-064 狄更斯在《双城记》里描述了1789年7

月14日攻开巴士底狱前后的法国大革命，今天早上重读时，惊人地发现，狄更斯在二百多年前就感受到世界急剧的变化的不确定性。但这之后的历史区段里又发生了多大的变化啊！看来还是回到了"我们是什么？我们从哪里来？我们到哪里去？"永远回答不了的疑问中。

3-065 如今我们不是在别人已规定的线路上行走，而是在各种各样的判断中迈出每一步，所依据的是信念和信息。当然你也可以隐入山水之间，在自娱中翘首望云起星落，但总有一天命运会找到你，就像白居易并没有终老于庐山草堂一样，因为他的信念骨子里还是"仕"。所以，对你的信念也需在判断之中。

3-066 传统哲学里的突变是指量变到了临界点导致的突变，例如梁的荷载加到一定值，梁就会垮掉，这是有因果关系的。但如果外星人来临，导致人类消失却不是量变引起的突变，有量变因果关系吗？有因不一定有果，因是瞬间的传说，而果是发生的事实。我们看到了果，但不知因在何处，对理论的批判也许由此而来。

3-067 假若说有一种体系化的"建筑理论"能指导建筑师们把建筑设计得很完美，很实用，但它回答不了这座建筑该不该建，若干年后会变成什么的问题。就如给萨达姆建造行宫一样，萨达姆很满意，看起来也很美，但是一个好建筑吗？理论的虚伪性就表现出来了。越是完善的理论，背后藏着集团和阶层的狭隘利益就越大。

第四章
建筑与普世

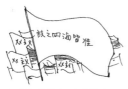

4-001 有没有？（自绘）

4-001　一位小朋友逼得我又提起了"普世"的话题，我想为什么对普世的讨论那么热闹，最近似乎更火了，建筑何必掺合进去呢？今天又收到彭培根教授发来的一系列文件，感到还是说些话有必要，因为当前"普世"的大旗与文化基因、地域和个性无关。

4-002　只有具体的普世，没有抽象的普世。当今对普世的争论主要在于美国的价值核心是否是进步代替落后的问题。在这种语境下，能否说美国的社会体制可以放之四海而皆准？对这个问题，大概只有美国人或弗朗西斯·福山才会这样认为。原来普世就是"放之四海而皆准的真理"，有吗？

4-003 麦当劳就是普世吗？
※1

4-003　所以普世仅仅是一面旗帜，我曾说过，旗帜一打出就会开始褪色，也许过了一段时间就不提普世了。普世是美国人的，就如当年我们说历史的车轮不可阻挡一样。当然相对的，有语境的普世是存在的，例如世人都想过幸福的生活，有尊严，公平等。但幸福就不一定人人都去吃麦当劳，世间也没有绝对的公平。

4-004 中餐和西餐，哪个是"普世"的？※1

4-004　就像"所指"与"能指"一样，前者就如普世，而对于后者所指就无能为力了。吃饭在现时空里是普世的，但它不具备旗帜的能力。而世界上无穷无尽的饭菜绝不是普世两个字能涵盖的。那么人们不禁要问：普世的魔术布背后究竟是什么呢？如果不把它搞清楚，就像在大街上随便拉一个人问"你幸福吗？"一样可笑。

4-005　费孝通先生讲过："各美其美，美人之美。美美与共，天下大同"。没有每个人的独特的

4-006 儿童捏的泥巴（自绘）4-007 一样的面孔※1

美，哪有全球化的美？我是一名建筑师，看着那些力推全球化"美"的同行，不知说什么好。

4-006 小孩拿一团泥巴捏来捏去成了某种"形"，于是建筑师、工程师们就着手建造这一伟大的建筑，这就"普世"了吗？

4-007 没有大写的每一个独特的，唯一的"人"字，普世就不存在。莫非如果世界上的人都一样才是普世？抹杀任何语境中的个性而谈普世，就成了某种利益的代言。

4-008 地球上的人都追求幸福和美好的生活，可以说是普世的。但对美好和幸福每个人都有不同的理解和追求，不可能是一样的，尤其在精神层面的价值核心体系不可能都相同。以"普世"为名，以自己的价值核心体系去摧毁别人的，或强迫别人去接受，悲剧和暴力就发生了。

4-009 弗朗西斯·福山最近抱怨金融危机正在削弱着自由民主主义的基础——中产阶级的利益而波及他提出的最终的社会制度。在我看来，拯救人类社会的不仅是经济，别忘了还有文化。

4-010 我的书桌前，这两年一直摆着三本书：

4-010 三本书（自拍）

《文明的冲突与世界秩序的重建》、《历史的终结及最后之人》、《世界是平的——21世纪简史》，都是美国人写的。面对这几本书，我总是有话要说。

4-011 当"放之四海而皆准"的音调减弱的同时，"普世"随之而来成为强音。历史真会开玩笑，前段我对吃饭这个词前加了"现时空"，也就是说，人类在未来可能不用"吃饭"这个词，还谈什么普世呢？所以在中国你、我、他（她）都明白当今的普世主旋律的背后是什么，只是不说，美国人却一点不客气，大谈历史终结。

4-012 施瓦茨提出了56种普世价值，见下图：

权力：权威，领导地位，主导地位；成就：成功，能力，雄心，影响力，智慧，自尊；享乐：快乐，享受生活；刺激：大胆刺激行为，多样的生活，精彩的生活；自主：创造力，自由，独立，好奇心，选择自己的目标；普世性（道德）：博大胸怀，才智，社会公正，平等，和平，美丽，与自然融合，对环境的保护，内心的和谐；慈善：乐于助人，诚实，宽容，忠诚，责任，友谊；传统：生活中的自我定位，谦让，虔诚，尊重传统，平和；社会整合：自律，服从；安全：清洁，家庭安全，国家安全，社会秩序的稳定，报恩，健康，归属感。

4-012 56种普世价值

4-013 看前面的56种普世价值，有何感想？这是研究用的，要把它作为旗帜就太不给力了。当今世界上大多数执政者都不会反对这些的。那么争来争去，上纲上线有什么意义呢？所以我说打起普世的旗号，在全球、在我国是有特殊意义的。它就是一块魔术师的布，只有抖开了你才会知道。

4-014 在百度的词条里对普世是这样解释的：代词。"民主，自由，法制，人权"的另一种说法。其实这种说法早就有了。在1789年攻占巴士底狱时，天赋人权、自由、平等、博爱就已经被做为旗帜了。之后打着这个旗号的人互相被送上断头台，二百多年过去了，一个漂浮在地球上的被命名为"普世"的旗帜开始游荡了。

4-015 该来的总会来的，该去的总会去的。每个人和阶层都有自己的追求，总体说，民主、自由、法制、人权在地球上不断地得到改善，不必从"普世"的外衣来包装，世界的进步是要一件件去做，而且还有不可预测的变化在前方潜伏，所以，外衣就不需要了，和绝对真理一样。

4-015-1 不存在绝对真理 ※1
4-015-2 小人物的悲欢离合同样可以惊天动地※

4-016 在我的正面表述里从不愿用普世去说明什么，我希望中国的政治体制得到真正的改革，只是不愿用普世来判断。因为麦当劳不具备普世价值，反而被认为是垃圾食品。中国也不会成为美国的一个州。据我了解，很多中国人在美国很难融入当地的社会。地球上的每一个人都是独立的，伟大的，必须捍卫自己独立的人格。

4-017 大旗下往往包藏着一些见不得人的集团、阶层、国家的利益。不必跟着普世失去自己，我也多次说过，小人物的悲欢离合同样可以惊天动地。独特的、唯一的几十亿的"个人"都有权去追求自己认可的自由、幸福与平等。绝对的平等能有吗？生命高于一切，这是对的，但请问世间有多少人可以平等地支付天价医疗费？

4-016 屈原的捍卫※1

4-019 千篇一律（自拍）

4-018 十几年前，医改还没有实行，单位的一位高级工程师生病抢救，我去医院看望，医生当着病人的家属给我说每天抢救费1万多，你们单位愿不愿付，我只能说可以。一百多万的医疗费真可以把一个小单位拖垮！好在我们每年还有几千万的收入。之后我就想，世界上有多少人能付得起不封顶的医疗费？平等？

4-019 听多了"一句顶一万句"的人对普世是有免疫力的。我不愿卷入普世之争，我是一名建筑师，关注建筑是职业习惯，只是发现在建筑界也有普世的旗子在晃动，以普世之名为抄袭、千篇一律找理论根据。克隆、克隆、再克隆，在普世的掩盖下！

4-020 彭培根教授※

4-020 我不知道炫耀财富在一些人眼里算不算"普世价值"，因为这种炫耀太多了。我在这里转载清华大学彭培根教授的一段话："迪拜的城市建设是基督教和穆斯林教宗教战争的综合延伸产品，它是集'形式主义'的大成。最违反可持续发展和节能减排的炫耀石油财富的城市建筑。是注定要失败和短期内就要没落的。"

4-021 在建筑行为里，浮华、炫耀、浪费、对生态的破坏、不可再生资源的消耗伴随着"普世建筑"的大军而来，逼得我已不再提什么地域、人文、建筑美了。中国还没有富得流油，但在建筑与城市中，令世人刮目相看，似乎财富是从天上纷纷落下来的，花钱一点也不心疼，但我却忘不了网上流传的那些令人酸楚的照片。

4-021 富得流油※1

4-022 在瑞士的卢森小住了一夜，看到那么多的国人抢购名表，很奇怪。更无法理解陕西的表局长要那么多的名表干什么。这也是普世的追求吗？中国人是世界上最有钱的人吗？我自己就一块千元多的光动表，不换电池，不必晃动，走得很准。出入庙堂，会见客人，从不觉寒酸，也没人劝我买块名表。不就是看时间嘛！

4-022 卢森的夜晚（自拍）

4-023 大学时一位老师说，建筑学专业的学生毕业后都会在大城市工作，果然如此，同班都在北京和省会。可我一直想，有没有愿意到最底层去工作的建筑师呢？只是听说过国外和台湾有。看来还是金钱在起作用，在底层谁给你设计费呢？自责有什么用？职业的特性决定了你微弱的话语权。

4-023 台湾关注农村建筑的谢英俊※1

4-024 过去有皇家建筑师、某某的私人建筑师等称号，原来建筑师要用别人的钱在服务的间隙里去实现自己的价值，所以就有了"业主喜欢什么我就喜欢什么"的传言。在济济一堂的建筑师们的学术会上大家都似乎有一种责任感，可在强大的业主面前却显得唯唯诺诺，因为一不小心那项目就到别人手中去了，有家有小啊！

4-025 赖特被称为美国最牛的建筑师※1

4-026 旗帜※

4-027 中世纪的两面性※1

4-025 本来"我为人人，人人为我"的理想是好的，不为钱权摧眉折腰事权贵的说法古人就有过，但只要权贵存在，就难为人格了。只有公仆落实，平等出现才会使建筑师理直气壮，大家都是社会的一员，只是分工不同而已，那时建筑师自可挺直腰板和业主平等地讨论了，但这要等到什么时候啊？中国建筑师的愿景。

4-026 不需要用"普世"两个字来做旗帜，中国人在20世纪曾以世界革命中心自诩，就是变相的普世观，尽管当前人们危机感重重，但只要经历那些岁月的人，绝不会走回头路的。今天倒过来别人用普世"教导"我们要接过另一面大旗，真幽默！该怎么走就怎么走，法制、民主、自由是具体的，要在不同的每一个人上体现。

4-027 少谈普世，避免落入陷阱，就如没有绝对真理一样没有普世。所以普世是政治上的意义，中国怎么走，要勇敢地进行政治体制改革，可能前途艰险，但不是接受普世的大旗。世界上对中国的强大和繁荣有几个国家高兴呢？就像欧洲中世纪的牧师在讲坛上仁慈博爱，私下却厚颜无耻，自私自利。走自己的路吧，为民生！

4-028 所以，我不主张在建筑创作中提什么"普世"，那与我们无关。建筑里只有功能合理，技术先进，融入环境，尊重历史和人，保护生态，不浪费资源，表现建筑美，创造新形象，去满足不断变化和增长的合理的社会需求等，但这不是普世，在不同的环境里有不同的解决方案。普世不是抄袭和千篇一律的借口，是不是？

4-029 在我的建筑观里，最常用的是"本原"和"变化"，不用什么"主义"的字眼。一旦成了主义，就失去了活力。我至今不明白英语里的后缀"ism"是不是真实"主义"的含意。所以对于"地域主义"、"批判地域主义"等只是看看而已，不去认真对待。欧美人有自己的表达方式，不必跟着他们跑，也要独立思考。

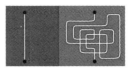

4-029 中西不同的表达方式
※1

4-030 我主张建筑的对话、和谐、天人合一，主张信息的瞬间抉择以及理性与非理性的创新，而不是拿外国人的什么"主义"去包装自己；也不愿用民族和地域来标榜其特性。如果按前面的话去探索建筑创作，民族、地域、个性、环境等都会包含其中，就是一个独特而又满足建筑合理理念的作品，它不属于任何主义的条框。

4-031 古时皇帝看到张毛驴画，称赞，招入宫画毛驴，遂有名。后专画毛驴，被称为"毛驴画家"。其实他还会画更好的非毛驴画，但在盛名光环下，扼杀了自己更大的天赋。别以为新疆的建筑师就会造尖拱、圆顶，更不能以这些涵盖"西部"和"地域"，地域建筑不是民族与落后特殊的表现与折射，更不是与现代对抗。

4-032 一位小朋友一直追问我普世和地域的关系，现在答案出来了：没有普世，也没有地域主义，只有在地球的坐标上你和你的建筑的位置以及在这个特定的位置上你为人和环境所作的努力，成功了，既是瞬间的普世和地域，又是别的什么，接着下一幅画面又出现了，你还得又重新学习，进入状态，在信息的排序里爆发。

4-033　今之视昔，亦犹后之视今。世界在变化，几百年后，人们再看普世的大旗，注意我说的是大旗，会笑笑而已。还在维护某种绝对真理，仅是政治上的一个流派。普世观里的大部分内容是对的，但不能拉大旗，我说过，一旦形成旗帜就失去指导意义了，所指非能指。

4-034　自由、民主、法制、平等在一定场所是对的，但不能以普世一言蔽之，普世都有个别的载体，当前消解急需。对普世之争我仅一笑了之，但因为建筑界也有人以普世为名，为抄袭，千篇一律，不尊重环境作掩护，为此说了不少。

4-035 打起"替天行道"的旗子真正的目的是什么？※1

4-035　人们常说入乡随俗，到哪个山唱哪个歌，因地制宜，量体裁衣，但打起旗帜，自古以来就是替天行道，为民请命。一旦坐上位置，旗帜就扔一边去了！我再说一遍：美国人送我们普世，真希望中国强盛吗？看来路还是要自己走的。

4-036　大同世界今天还提不提？这也是一种貌似的普世呢！美美不同，各美其美，和而不同才是。建议看看福山的《历史的终结和最后之人》一书。美国人很叫好。历史能终结吗？

第五章
地域乡土民居

5-001 被曲解的黄胄※1

5-002《批判地域主义》※1

5-003、西班牙毕尔巴鄂的古根海姆美术馆（自拍）

5-004 不能接受的帽子（自绘）

5-001 建筑作品，在特定环境中表现出地域特色，是好的，也是正常的，但不能把它称之为"地域建筑"，更不能说是"地域主义"、"批判地域主义"。贴标签，树旗帜的做法只能使自己僵化，或吓唬别人。应该入乡随俗，到哪个山唱哪个歌，黄胄在新疆多年画毛驴好，但被人封"毛驴画家"，你同意吗？

5-002 有人问，究竟提不提地域建筑？我认为说也可，但这是指一个或多个建筑在它所在的地域环境里和地域有了对话和关联，有多层含义。但如果像"批判地域主义"那样提出一些判别标准就旗帜化了。盖里在西班牙毕尔巴鄂的古根海姆美术馆现在成了该城市最显著的地域标志，可刚建成时怎么也不会想到地域二字。

5-003 但毕尔巴鄂的古根海姆博物馆的确和地域有很大关系，在一个衰退的工业港口城市里，它的建成是城市转型的重要一步。事实上一座建筑挽救了一个城市，如今以毕尔巴鄂古根海姆博物馆为中心已成为一个旅游、观光的国际化城市。另外建筑本身充分利用了奈汶河有利的视觉空间，那张有水中倒影的形象闻名于世！

5-004 建筑的地域性绝不是边远边疆或少数民族居住，抑或被认为是落后的地区、中国西部的专利，广义上讲全中国所有地方的建筑都可以显示地域特征，包括北上广！不能自己搞千篇一律的全球化，把地域的帽子抛给西部或认为落后地区的建筑师，自己跟着扎哈大妈和库哈斯跑，却给我们一项地域建筑师的"桂冠"。

5-005　我不愿被人冠以"民族传统"、"地域"、"西部"建筑师的头衔。就像我说过的不只是画毛驴的画家，那是因为我在这里，到了别的地方可能又是别的了。曾经有一位和我同名的写文章人，被人称为"民族主义"者，我从未获此荣，有同学没看内容就给我冠以"民族主义"的建筑师评论了一番，心里还真有点冤屈。

5-006　所以我坚决奉还"地域建筑师"的帽子。我只知道建筑师是为人为社会服务的，有其职业道德的底线。在信息社会里，还是少标榜什么理论的创新。理论死了，创什么新？

5-007　有地域特色的建筑不是落后地区对什么"主流"建筑的对抗，以"风土"特色标榜。那句"越是民族的，就越是世界的"有点道理，但不是全部。民族是一个很含混的概念，不如说审美对象表达所处时空对它的影响和折射从而形成的魅力是世界的，也是不能模仿的。不存在什么主流和非主流。

5-008　放大了说，每一个人和他此刻所处的环境就是"地域"，每座建筑和城市都处于不同的时空里，所谓量体裁衣，那是极致，今天能享受的人太少了。因地制宜也是如此，可惜匆匆的脚步和浮躁的心态把这些既是个性的又是世界的灵魂丢失后反而认为地域是落后的，自诩"主流"和"方向"！

5-008 西泽立卫丰岛艺术博物馆也是地域的※1

5-009　对建筑所处时空环境的尊重是建筑师和城市规划师的基本素养，国际建协UIA也明确提出对建筑师的6点基本要求，第5条是"理解人与建筑、建筑与环境以及建筑之间和建筑空间与人的需求尺

5-010 宁波博物馆※1

度的关系"，第6条是"对实现可持续发展的手段有足够的认识"。这些应该成为共识。

5-010　王澍的宁波博物馆是一个很有地域特色的好建筑，是现代的，有个性的，有文化内涵的。但我想王澍不会接受地域建筑师的帽子。

5-011　在陕西富平陶艺博物馆里，既可看到本土的基因流转，那种陕西乡土味浓浓地处处散发，但又是升华了的艺术品。外国艺术家的作品，创造性更高，同时还融入了汉唐、关中的特殊味道，这也是对创作环境的尊重和另一种灵感源泉。到哪个山唱哪个歌，好的艺术家都有入乡随俗的灵性和敏感，但某些明星建筑师可不是这样。

5-012　看这些老陕，既是独特的，又是陕西人。建筑和其他艺术的境界也是如此。陶艺的建筑，建筑的陶艺。

5-011 外国雕塑家创作的新颖而有地域特色的陶艺作品（自拍）

5-012 陕西富平陶艺博物馆里的"陕西人"（自拍）

5-013 新疆阿瓦提的民居结构体系（自拍）

5-013　在阿瓦提，我发现了一种在教科书上未提到的民居建筑的结构体系，到现在我未给它一个名称。简单地说，就是当地人用弯曲、粗细不一的胡杨树干搭建成一个大型木笼子，这里没有梁和柱的区分，是一个立方框体，然后用树枝、草梗编织成维护外表层，屋顶上施以草泥，留出门窗，一幢房子就完成了。

5-014　去爨底下村看古老的石砌聚落，已经没有生活内容，成旅游接待村了。

5-015　在新疆和布克塞尔和吉木乃也都有用红白两种色彩的牧民定居点，布局较自由，屋顶红色，院垟压顶为砖红色，看来白色是统一粉刷的，他也在努力形成一种统一中变化的新面貌。

5-016　对于新农村建设中兵营式没有特色及庭院经济的作法我是有意见的。但到吉木乃县看到了

5-014 爨底下村（自拍）

5-015 和布克塞尔和吉木乃居民点的色彩（自拍）

5-016 牧民的新建定居点（自拍）

牧民的新建定居点，觉得对于哈萨克的夏牧场帐篷和那种简陋的"冬窝子"来说，这种定居也是一种进步。每家的院子也够大，牛羊圈不小。其建筑色彩也很有特色，很少见的粉绿色也不错呢。

5-017-1《喀什高台民居》（自拍）
5-017-2《喀什高台民居》部分内容（自拍）

5-017 收到了由东南大学出版社正式出版的《喀什高台民居》一书。这是2014年给我最好的礼物，所以和参与、关注这本书工作的同仁和朋友分享喜悦！

5-018 《喀什高台民居》共五百多页，其中有四百多户民居的详细测绘资料和数字模型。我在扉页上写了"仅以此书献给对我国历史文化名城关心和保护的人。如果高台民居有一天消失了，这本书的详尽资料可以使它再现"。写这句话时真有些无奈的悲壮感。对以不可能的"抗震加固"掩盖下的空话与不作为而愤。

5-019 一旦地震来临，在喀什造成人的伤亡，国家已投入几十亿，官员要受到问责的。但现在用不可能的加固二字的文字游戏不断讨论掩盖不作为，似乎可以避免问责了。但要知道人在走，天在看。该承担的责任跑不了。我现在只想着千万不要在喀什发生伊朗巴姆那样的地震！生命安全第一！

5-020 如果想用抗震加固的方法来保护高台民居的话，我认为不可能实现。还没有地震，3年来已经垮塌了百户以上。自以为权威的专家们，你们拿出具体的实施方案了吗？在"抗震加固"4个字背后，隐藏着无奈的悲剧，是无知和拖延的表现，决策者：一旦地震来临，你们就是罪人！想过了吗？我把话先留在微博里。

5-020 高台民居局部数字模型（自拍）

5-022 高台民居的实物模型（自拍）

5-021 在一次对喀什老城区抗震改造的会上，我问过一位中国建筑科学研究院的专家：你们究竟拿没拿出可以抵抗8点5度的可行的"抗震加固"实施方案？他说没有。我说那"抗震加固"4个字岂不是空话？他又说建议把老城区的抗震级别降低一些。我当时说，在座的市长、专员谁有胆量做这个决定？结果谁也不敢说。

5-023 高台民居的实物模型（自拍）

5-022 高台民居改造后的模型已经做好了，即将运到乌鲁木齐。我只能做到这样，再加出版一本《喀什高台民居》约500页的书，尽到了自己的责任也行。

5-023 周围的民居已经拆完了，现在是孤岛一座，但愿不要消失。5年前我曾做过一次"最后的喀什噶尔"的讲座，凤凰周刊曾转述过，当时有人很不以为然。现在五百多家只剩二百多家了。这个模型是四百多家，浅色的是2009年已消失的，我们把它们又加上了。

5-024 眼看着喀什高台民居在不断地垮塌、迁出；眼看着还在说要把高台民居打造成5星级旅游景观的豪言壮语。但我们做了些什么呢？上天保佑，千万不要在那里发生地震！

5-024 不断垮塌的高台民居（自拍）

5-025 这种没经过设计的自建房（自拍）

5-025　据中国科学报载，美国地震信息中心首席科学家哈利·本兹说，美国的抗震经验很简单。他认为被中国排在第一位的，应该是建更好的、有良好抗震能力的房子。我很同意这种观点，但按中国国情看，对最近几十年小城镇及农村自建的房子普遍地实施抗震加固是重中之重。可惜我仅仅是一位建筑师，说了白说。

5-026　哈利·本兹还说："在美国，我们不预测地震，但是我们对预期的灾害有长期的风险评估和概率模型，居住在地震多发区的人们能明白这种危险，当地的建筑物具有良好的抗震性。如果发生地震人们已提前知道该如何保护自己。"汶川和芦山惨痛的教训使我们不能光盖高楼大厦，有些只对民生有益的事往往搁浅。

5-027　建各种中心，大广场，超高层可以显示政绩，博得赞扬；建大片高价的住区政府可以增加卖地收入、开发商发财。唯独对已建的抗震性能差的大量民居投入资金改造只能让老百姓得到好处，试想有多少人真正关心？只有强拆把地交给开发商这才是最关心的，重要领导关于为民居抗震"睡不着觉"的批示好几年了！

5-028 缺乏抗震知识自建房最危险※1

5-028　地震中人的伤亡绝大部分是建筑和其次生灾害造成，对此人们已有共识。但我请求有关方面对这次芦山地震中最近这几年经过正规设计建造的建筑在这次地震中遭到损害调查一下，我自信地说一般不会出问题的。想起那些缺乏抗震知识自建的12，18，最多24厘米厚的承重墙和预制空心板的民房，还能经受几次大震呢？

5-029 对地震带区已建的没经过正规设计的民房进行普遍调查，提出抗震加固措施是当务之急，生命第一，人命关天！地震是天灾，但建筑对人的伤害却与人的行为有关。我们总不能老是在伤害发生后动情，地震很难预报，但建筑可以做到大震不倒，大幅度减少人的伤亡，这比预报地震容易多了。

5-030 芦山地震，举国关注，伊朗最近也发生了大地震，由此我又想到喀什老城区，那些土木结构的民房能抵抗几级、几度的地震呢？从伊朗巴姆地震到现在已近十年了，国家对喀什投入资金的抗震改造工作也启动十余年了，要有紧迫感！

5-031 就在前几天，邀请我参加本月23日北川重建的研讨会，我因有事没去。无疑它是成功的案例，整体规划，大师设计，得到高度地赞扬。这次雅安、芦山有的村镇也得重建。但我想我们总不能在重建时表现出色，最主要是防患于未然。这也是我国第一流的规划、设计单位和大师们的一个重要战场，不能光关心高楼大厦！

5-032 苗族建筑模型，制作很专业，石材的肌理也很丰富。

5-033 我无力让这些遗产保留下来，但要尽自己的职责把这些珍贵的资料保存给后代子孙，不惜代价。

5-032 苗族建筑模型，石材的肌理

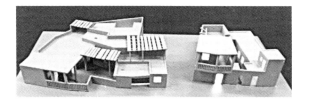

5-033 高台民居中实物单体模型

5-034　伪城镇化该划个句号了！不断地修编城市规划，扩大用地，侵占农田，增加政府收入，房地产商赚钱。由此，强拆、历史文化街区的消失屡屡出现，失去土地的农民并没有得到新的就业、受到知识技艺提高的培训。受益者是政府和房地产商，房价难以控制，根源也在这里。

5-035　没有记忆就没有灵魂，全过程的记忆你无法选择。城市也如此，不光是光明灿烂，罪行和丑恶的记忆也要保存下来，时间越久越有价值。抹杀的行为就是新的犯罪！

5-036　有些人希望把农民的集体土地，想一切办法，找各种借口，变为国有，就可以卖高价了，美其名曰"城镇化"！

5-037　把城镇化和土地财政捆在一起，又和房地产开发千丝万缕，结果失去土地的农民并没有由于产业结构的调整转入新的就业岗位，也没有受到技艺文化提高的培训，以致房价高位不下，社会矛盾加大，这是伪城镇化。

第六章
城市与园林

6-001 近年来我国关于"城市设计"的论述及著作多了。高校虽然没有独立的课程，但已是一门系统的学科。它的最早理论是从国外引进的，很多人不明白城市规划和城市设计的区别。城市设计并没有成为一门应用学科，没有进入城市系统的法规程序。学者们试图在一些城市应用其理论，但我认为也有误区，尤其在当代。

6-002 建筑画《犯罪现场》
※8

6-002 这是20世纪80年代初一位后现代建筑师画的名为"犯罪现场"的建筑隐喻画。描绘了纽约曼哈顿被管道、电缆等城市的基础设施"谋杀"的预言。现在看来，城市不仅仅是高楼大厦和道路，应该给城市给予新的定义和范畴了，城市还包括了地下和空中，阳光和空气，风雪和雨露，水流和绿色等等，还有"人"。

6-003 一直想给在研究"城市设计"的朋友和学者表述一下我对"城市设计"的看法，但各自东西，难有机会，只好借微博来交流，望知我者帮着转述。简言之：城市设计不仅仅是地面建筑、道路、景观的综合设计，它是一门关联很广，只能在全息信息时代才能表述与研究的一门新兴的学科，几十年前国外的理论也过时了。

6-004 不要抱着十几年前出版的"城市设计"的有关论著不放，不管它再版了多少次，世界在变化，城市也在变化。智者总是不满足地向前看，敢于放弃，敢于创新才是。城市设计是一个广阔的全新实践阵地，外国人在这方面比我们也没做了什么了不起的事情。因为中国近40年的城市建设规模在国外没法比拟。

6-005 古罗马的供水高架桥和当代国外下水设施※1

6-005 中国建设规模冠名全球，建造技术也不落伍。在城市建设中正负面的经验和教训都很丰富，最大的负面就是急功近利，只求面子光鲜，对城市的基础设施严重忽略。看看古罗马的下水道和高架供水系统就知道。而我们的城市一场大雨可以使一个城市瘫痪，几万平方米的大楼不设地面和地下停车场，难道这不属于城市吗？

6-006 20世纪末柏林建造了自以为世界第一规模的波茨坦广场和索尼中心，前者建筑面积为55万平方米，德国朋友领我们考察时说原以为这是世界上最大的工地，到中国发现差远了。但他们在开始建造建筑时，地下立体交通、供电、供水、动力、污水排放、雨水收集、高架轻轨等等一切就绪，包括节能、绿色生态措施。

6-007 "城市"这个名词大概会延续下去，但实质和内容会发生很大的变化。1996年我参观威尼

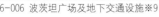

6-006 波茨坦广场及地下交通设施※9   6-007《最后的名城市》建筑画（自拍）

斯建筑双年展时，看到意大利建筑师马西莫·斯科拉瑞的这幅名为"最后的名城"这幅画。城市变化了，消解了，和高山和自然成一体了。未来城市不管怎样去臆想，它不会再是对着规划平面图比划，长官意志就可以造就的了。

6-008　今年公布的《建筑学名词》中的"城市设计"条：urban design 对城市形态和空间环境所做的整体设计和构思安排，主要侧重对由建筑物、街区、道路、广场、景园等物质实体环境要素所构成的城市空间形态、城市空间组织、城市环境特色等进行综合的三维和控制引导。包括城市、城区、街区等多个层次。

6-009　《建筑学名词》应该是规范性解释，我也是本书的顾问之一。对"城市设计"的解释从过去的实践看也无可非议，能做到就不错了，而且加上了"三维和控制引导"语句。好在它是2014年版本，以后还会不断修订。我只是提出对城市设计的概念和内容要有很大的变化才是，现在的释义还仅仅停留在城市地面上的空间。

6-011-1　乌鲁木齐城市三维模型※7
6-011-2　10年前纽约曼哈顿地区的三维模型※7

6-010　乌鲁木齐在三维数字城市建立方面，在全国城市中走在前面，采用目前最先进的机载激光雷达技术和倾斜摄影等新技术对乌鲁木齐市主城区进行数据采集，完成了城市中心城区215平方公里的DOM、DEM、DSM数据，110平方公里三维标准模型。基于国际领先的三维GIS基础平台Skyline研建了乌鲁木齐实景三维数字城市平台。

6-011　10年前，世界上还有像今天乌鲁木齐这样的三维数字实景模型城市。纽约、巴黎、伦敦都在试图用数字建模，但工作量太大，几乎不可能完成。故宫博物院耗费了巨资终于完成了三维动画，但不是实景。所以现行的"城市设计"的概念，实施手段已具备。图为2008年纽约的数字城市景观，但是用建模和贴材质的方法。

6-012 三维扫描仪完成的古建筑数字图形（曹龙提供）

6-012 这是用当代最先进的三维扫描仪完成的古建筑数字图形。比激光，雷达，摄影又前进了一大步，更先进数字城市已经呼之欲出。下面两张图就是从数字扫描形成的动画中的截图，材质都是现状，包括每块砖瓦。这些手段当今很多人还不了解。

6-013 城市中建筑天际线和景观不再是唯一，20世纪80年代中国把超过100万人口的城市定为"特大城市"，现在太多太多。交通困难成了城市病的主要症状，地铁，高架轻轨，BRT专线车演变为城市的新面孔，纽约的地铁好几层立体交叉，高架桥层层叠加，也许还会出现高空轨道直达车，建筑景观将会被圈如牢笼。

6-013-1 城市摩托车和自行车的场面※1
6-013-2 现代城市的轨道交通※1

6-014 2008年在一次会上，听温家宝总理说，长安街上8个车道，公交只有一个车道，应该倒过来。会场一片掌声。我想他的原意是要重视公交，如果真要倒过来，那麻烦就大了。城市交通的解决是一个复杂的大系统工程，也是世界性难题。北京有一位很有造诣的交通专家，但因为北京交通堵塞受到诟病，真冤枉他了。

6-015 城市：地下有地铁，高铁，供水、排污水、雨水、洪水、中水系统；供热、供燃气，电

6-015 长安街上的车流※1

缆，光纤管道；地下停车场，商店，库房，蓄水池；人防及战时指挥系统。地面上除了建筑物还有道路、广场，防洪、积雪清除归置系统，空中有立交，通讯塔，微波通道，航空领域，山川河流，植被，风雪雨雾，当然还有人和车。

6-016 唐代长安地下排水管道※

6-016 前面所提到的虽然还不完全，但它们都是城市的组成部分。所以就要问一句：什么是城市设计？城市就像一个人，它的每一个组成都是重要的，都关系到民生的安危。我们不能只设计一个人的外形。机能和构件坏了，外形再好也没用。今天的城市不是秦皇汉武，唐宗宋祖时代了。话说回来汉唐长安也很重视城市排水。

6-017 转载《建筑技艺》刊物上未来深圳的设想，想象力很丰富。我想，不管怎么样，应该是健

6-017《建筑技艺》刊物上未来深圳的设想

康，可持续发展的。人类在浪费资源方面已经很过分了，城市这个怪物也是双刃剑，我想如果中国没有土地财政，城市会不会发展到那么大？欧洲是发达国家的地盘，好像没有这样夸张，但我知道巴黎向西海岸发展大巴黎城市带。

6-018 刚收到以吴良镛为首的建筑与城市专业两院院士18人以及国内著名高校的著名建筑师、教授11人的"关于当代中国建筑设计中存在的问题与发展的建议"。提到存在问题与挑战有三：价值观扭曲，城市建筑贪大求奢，影响城镇化的健康发展；盲目崇洋，文化自信缺失；体制和制度建设严重滞后。然后是建议制定适合当前国情的建筑方针，形成明确的政策导向；依法建立重大工程项目建筑方案的决策机制，充分发挥建筑师的积极作用；增强文化自信，给中国建筑师更大的发展空间；完善各项相关制度建设，加大政策执行与监管力度。建议中提到建筑设计招投标的全过程透明化，公开、公平、公正。

6-019 现在的中国大城市里，步行的人是弱势群体，从人权的基本点看是向弱势群体倾斜。可是看看今日的人行道，人在迷宫中找路，被车辆赶来赶去，什么15分钟的理想步行直达，都是空话。更不要说"盲道"了。乌鲁木齐的报刊亭消失快10年了，北京的人还不明就里，不过我并不认为报刊亭影响了交通。

6-020 近年来我国关于"城市设计"的论述及著作多了。高校虽然没有独立的课程，但已是一门系统的学科。它的最早理论是从国外引进的，很多人不明白城市规划和城市设计的区别。城市设计并没有成为一门应用学科，没有进入城市系统的法规程序。学者们试图在一些城市应用其理论，但我认为也有误区，尤其在当代。

6-021 15年前在柏林参加中德城市研讨会，我的讲演就是"变化中的城市观念"。讲到现在月光和小鸟对我已经很陌生了，对我国城市的高速发展表示担忧。

6-021 1999年作者在柏林的演讲和会议论文汇总（自拍）

6-022 柏林局部鸟瞰

会后有德国记者问在中国有你这种观点的人多不多，我回答不多，很多人还认为这是发展的好事。15年过去了，人们还在极力扩大城市，而对生态和基础设施严重忽略。

6-022 德国理所当然是发达国家，柏林也是世界知名城市。他们在城市可持续发展、生态保护、节能等方面走在世界前面，但在城市规模和高层建筑的密集方面比中国很多城市差远了。柏林规定气温超过一定温度机动车就要限行，城市设计不仅仅是空间和景观的事了，城市综合功能的投入太少的代价会让子孙后代偿还。

6-023 柏林新旧国会大厦成一体

6-023 柏林墙倒塌后，德国统一，决定把首都从波恩迁到柏林。但新的国会大厦还在原来国会大厦，只是在中间加了一个新的会议大厅。和我国各地阔绰的政府办公楼相比，不禁要问：谁是城市的主人？究竟什么是城市？

6-024 怪圈：房地产是经济发展的支柱之一，人民是国家主人，土地国有，就是人民的土地，国家把土地的地皮给人民卖了70年使用权。土地财政已占政府收入的30%以上。所以不断修编城市规划，扩大城市尤其居住用地，作为储备财源。房价和人们收入极不相称，鬼城、强拆、腐败都由此而生，看今日反腐战果就会明白。

6-025 中国并不算发达国家，用于民生、教育、医疗、环境治理等方面的钱和发达国家比还有很大差距。那些争当世界第几的豪华高楼大厦的钱是从哪里来的？也包括在GDP指标中？值得吗？人们常说迪拜是畸形发展，难道我们也要走这样的路吗？6月听李克强总理讲话，对保持中高速增长很有信心。我只希望增长用于民生。

6-027 体制造成迪拜一般城市建筑的面孔

6-026 城市究竟是什么？不仅是平面道路、广场、建筑的布局。20世纪50年代初，北京规划否定了"梁陈方案"，按苏联专家的城市定位要成为政治中心和工业城市，要在天安门周围烟囱林立。悲剧不仅是梁、陈二人，直到今天给北京带来后患。可见，城市性质，城市定位这些很容易被"人为"的因素，在城市中也是举足轻重的。

6-028 这也是外国的"town house"（自拍）

6-027 在迪拜除了那些摩天大楼外，有一个很少有人注意的现象：沿街建筑面宽一样，一座座并肩站立，毫无特色，只表现了主人的爱好。这也是人为体制造成的，酋长们把土地分给亲属、小酋长们，一样的面宽造成了如此面孔。我国新农村建设中，也是每户多宽多窄，新的千篇一律出现了。体制不同，城市不同！

6-028 前些年，时髦了一阵"town house"，国人们被房地产商忽悠了一把，以为又是什么新式豪宅。后来人们出国多了，才明白这是外国城镇里受沿街面宽限制不得已的带后花园的门面房。沿街建筑向纵深发展，在有商业和交通价值的街区，古今一理。交通，生存和生活的组织在城市中极为重要，尤其在老城区。

6-029 "乌鲁木齐城市特色研究"文本（自拍）

6-029 2008年我们启动了"乌鲁木齐城市特色研究"的课题。2011年经邹德慈院士主持的国内专家评审通过。几年来使我对城市的认识不断加深和改变。仅仅城市特色就牵连着数不清的因果。绝不是什么"建筑风格"、"建筑色彩"那么简单。更重要的是现在各自为政，摊大饼的现象依然存在，对城市的整体性认识不足。

6-030 乌鲁木齐地下就是煤层，有不少采空区，而且有一条斜穿城市的地层断裂带。城市南高北低，市中心区南北高差约300米，南北平均道路坡度为2%～3%。水库的水要送到市区，平均要提高300米。这些并不是普通市民所知的情况却影响到城市的健全发展。例如地铁，有可能会在某区段开出地面，但我们还称它为地铁。

6-031 城市规划、城市设计等专业用语不可能变来变去，就像电影院，剧院，体育馆等名称可以沿用下去，但内容却在不断变化。城市设计与规划的理论不能几十年不变了。在今天的全息时代，人们有可能在动态的云平台中掌握信息，不断修正决策和实施方案。像对待一个人体那样，不要光顾表面文章，多做些隐形的政绩。

6-032 我的一位已毕业博士生学位论文题目是

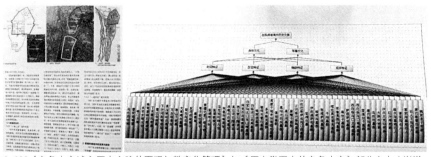

6-032《乌鲁木齐城市历史文脉的再现与数字化管理》与《历史舆图中的乌鲁木齐》部分文本（谢洋、王小东提供）

《乌鲁木齐城市历史文脉的再现与数字化管理》，200多页，说明一个城市的任何环节都可以深入地研究下去，就怕我们不去关心和重视它们。我们合作还为此写了篇论文《历史舆图中的乌鲁木齐》，发表在《建筑学报》上。要建设好一座城市必须对它做深入研究。

6-033 20世纪70年代初，在建筑领域里的后现代思潮方兴未艾，其中很多人反思了现代城市病，以库哈斯为主的OMA画了如《囚禁地球的城市》，《自由的梦》等象征性的隐喻画。表现了人们对未来的悲观和无奈。批判和颠覆固有的理想观念是后现代的立足点，但并不悲观，只是期待着在消解后新生的城市出现。

6-033 建筑画《囚禁地球的城市》与《自由的梦》※8

6-034 E.索特萨斯于1973年以"建筑的未来"画了系列的建筑画。想象传统的建筑与城市如何败给了自然，最后和自然融合。如下图的《座礁》中把像宇宙飞船的建筑失控于冰峰峡谷之间。《行走城市》中过去的一切倒下了，新的城市装置像软管在蔓延。《筏上建筑》和自然共存。我有幸于1986年在东京看了他们的展出。

6-034 E.索特萨斯的系列建筑画※8

6-035《巨大的桥》和《九家房》※8

6-035 早在1965年建筑师R·阿不拉汉姆就预感到对科技过于推崇的建筑与城市的潜在危机，他用《巨大的桥》一画表达了这不过是梦境。用《九家房》表示了理念与诗一样的居住是理想的追求。半个多世纪过去了，我们还在迷恋高科技的工业化城市。生活，生存，诗意的居住只出现在广告中，现在蓝天也越来越珍贵了。

6-036 关于城市已有很多很多的专著，研究的学者众多，但大部分是城市形态的研究。我想如果可以用数字手段和动态信息把城市从空中到地下深处做出N多的横竖向切剖面，在此环境中来设计、规划城市，不要把注意力仅仅放在建筑、空间形态上。城市的主人是人，城市应该更加关怀人的生活和环境质量，不是摆设！

6-036 就在我的办公室有关城市的书也不少了（自拍）

6-037 每次到北京最怕过西直门立交桥，但它的确是北京市的重要组成，不管你是否喜欢。如今大城市的交通正在向地下和空中争取空间。一场大雪，一场暴雨就可以使一个城市瘫痪，燃气管的爆炸已经屡见不鲜，雾霾也成了北京的城市特色，人们在节假日纷纷出游，投向大自然的怀抱。人们一次次地问：城市是什么？

6-037-1 著名的西直门立交桥※1

6-037-2 城市水灾※1

6-038 华南理工吴庆洲教授对中国古代城市研究，写了几百万字的巨著。其中包括"仿生物像"、"军事防卫"等。《中国古城防洪研究》一书长达600页，他调查了中国几十座古城，翻阅了大量历史文献和记载。书中可以看出中国古代城市非常重视防洪，其经验是活生生的"历史模型"。而我们则关心"看得见"的政绩。

6-039 城市变成了大舞台，各种人你方下场我登台，有官员，房地产老板，也有建筑师，都在表演"看得见"的剧，突出自己，赢得喝彩。走到极端，干脆提出"没有规划的城市"，随意捏来捏去。而我自己却经常在过斑马线时，提心吊胆地怕汽车加速抢道挨骂。在中国工程院最近的一次会议上提及的相关研究我想都是城市规划和设计的重要内容。除了表上的外，还有《轨道交通安全性环保性和经

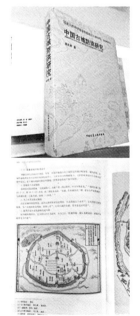

6-038《中国古城防洪研究》一书（自拍）

济性战略研究》《宜居城市的绿色交通体系及发展对第研究报告》和《城市水资源与水环境可持续发展战略研究》等。

6-040 当代中国城市发展也是双刃剑，交通、环境、生态、通讯、安全等太多的问题使得"城市病"频频发作。城市是一个有机的有生命的整体，不仅仅是外表看到的"形"，从空中到地下的脉络像一个人体，但今天还在条条块块里各自为阵地运行，交通管理喜欢单行线，不管绕行会增加能源消耗和尾气排放；电霸可以随时拉闸。

6-041 乌鲁木齐的铲雪车（自拍）

6-041 一个新的学科呼之欲出：就是"城市学"，也可以称"参数城市学"、"3D城市学"。只有城市的发展和信息技术的猛进才有可能提出和实现。我想最能理解的大概是一个好市长，当他办公室电话不断时，他就是一个忙于应对的消防队员。记得去年在一次会上，乌鲁木齐的市长为刚刚一场大雪发愁，那些积雪往哪里运？

6-042 申报院士的答辩（自拍）

6-042 要建立"城市学"这门学科，只有在今天科学技术尤其进入大数据时代才有可能。对城市全息动态的信息参数收集并应用到规划、设计、管理中，不是一些学者坐在计算机前就可以完成，而且当前还没有着手去创建。这几年有幸听了3次150多高层次学者的答辩，才觉得我们虽然是不同的专业，但都与城市走到一起了！

6-043 目前还没有一个城市地下管网综合的动态数字地图，更不用说还有地下交通，地下城市，地下水，地质等。热力，供电，供水，排污，交通，燃气，通讯等都在分条块管理，各自为政。设想在城市学的大厅屏幕里，建立这些和地面建筑、道路广场绿地，人流，车流成一个整体的3D城市，城市管理者们该是何等激动！

6-044 目前我国已经在几十个城市做"智慧城市"的试点，我的看法是宣传大于实践。因为这要做大量的资金和人力的隐形投入，不如那些"面子工程"，"政绩工程"来得快，何况决策者还要具备这方面的认知和需求。至于"大数据"，"云计算平台"目前还只是专业人员的词语，真正对城市的决策还在很初级阶段。

6-045 《维基百科》对智慧城市有如下定义：智慧城市是以"智慧技术、智慧产业、智慧人文、智慧服务、智慧管理、智慧生活"等为重要内容的城市发展的新模式，是信息化向更高阶段发展的表现，具有更强的集中智慧发现问题、解决问题的能力，因而具有更强的创新发展能力。

6-046 对"智慧城市"的图解，应该是很美好的前景，但要实施似乎还遥远，主要是目前城市管理的水平和需求还赶不上。北京一个"打车软件"就闹得沸沸扬扬。所以我认为提出加强和提高城市数字化水平的目标更切合实际。愿景不是现实，目标过高仅限于宣传。记得"15年赶上英国"的口号吗？

6-046 "智慧城市"的一份图解※1

6-047 陈从周先生说中国园林是文人园林，精辟之极。但不为在场所有人理解。有位外国人提问，文人园林和9亿中国人口中多数是农民的现实怎么解释，我记得很清楚，先生不太高兴。实际上园林在历史上就是为权贵和有钱的文人服务的，连杜甫都"茅屋为秋风所破"呢，园林就是高层次的精神栖息空间。

6-048 中国人的思维特征里不缺乏感性和飞跃，总是想在方寸之间显现世间万象。意境、神韵和诗情画意都可以收揽于眼底。这和凡尔赛宫的大尺度显示气派的做法大相径庭。中国人对想象与情景的交融很重视。学而优则仕，文人掌权了，就会以有限的资源营造以小见大，涵义不尽的，以一瓢水见世界的园林，陶醉于自恋。

6-049 文人园林的说法其实就包括了中国园林的多重性，文人二字并不都是褒义，文人相轻，园林之作而言。但既然归类于文人，其局限性也就随之而来，可能先生没想到吧。真正好的中国园林在中国也不是很多，就如中国画里的猫腻一样。

6-050 搬亭子（自绘）

6-050 不能以为标之为"中国园林"，"中国画"就都是国粹、优秀传统。试看今日所谓的园林景观，千篇一律的亭台楼阁，假山叠石，不分东西南北，玩弄概念，真可以和标语口号媲美。没有独特的环境，地域和创意，把建筑、景观当做现成的符号搬来搬去，我看不如在某处立一大牌，上写"亭台一座"更省事！

6-051　园林和建筑都关系到人与自然的关系。人有亿万，每个人都有不同的愿景；自然博大，但也处处而异。我不同意艺术源于生活，高于生活和风景如画的命题和形容。生活永远比艺术丰富，再天才的画家也无法表达气象万千的自然美。艺术家把他自己的灵魂与瞬时的具象结合发出光辉，也只是局部的表象。

6-052　岑参的"一川碎石大如斗，随风满地石乱走"是千古名句，但未必高于生活，不亲临其境的读者很难体会；作者本人也未必满意这种表达。因为为了生动，采取了夸张的手法，"所指"就不真实了，给人以误导。在新疆长年奔波的长途车司机遇到狂风沙尘时的体会和恐惧用文字符号大概永远无法描述出来，译成外文更糟。

6-052 新疆的狂风吹翻列车
※1

6-053　中国的园林也有皇家和私家之分，但在和自然结合方面有其特性。例如现存的清承德避暑山庄，颐和园。遗址如我的老师彭野教授参与设计的西安兴庆公园就是按唐兴庆宫的格局建造的。它们和欧洲皇家园林一样都有气势，但在因势利导，借重山水，委婉含蓄，诗意气韵等方面多了对人性和自然的尊重。

6-054　但中国园林中的文人气息除了少数外，大部分也是有八股味。亭台楼榭，假山叠石，荷池小桥，曲径通幽，楹联牌匾，借景逸情等等都有制式可循。这样个性和创造性就没有了，很多园林都像一个娘生的一样。

6-055 中国四大名著中，红楼梦里的大观园就搞不清在南京还是北京，橘生淮北的话在这里不管用了。因为景物的描述一般化，红学家也难以考证。美国人凭岩石和植物就可以判断本·拉登在何处，我们连南京、北京也难分，曹雪芹这样的文豪在写景上都是如此，那些一般的诗词歌赋更是不知所云了。概念化的符号误人啊！

6-055 这幅大观园的画，是南方还是北方？※1

6-056 《西游记》在写景上更是失败到底。去西天取经的路十万八千里。师徒三人每走到一处，妖怪不同，但景物的描写不外是青萝翠蔓，古木参天的陈词滥调，不信可去看看。小桥流水，古道西风地说来说去，不行万里路，编造万里行，今天的0246学校要的就是这种标准答案。像李清照的"落日熔金，暮云合璧"太少太少了。

6-057 录一段西游记里的写景"千峰排戟，万仞开屏。日映岚光轻锁翠，雨收黛色冷含青。瘦藤缠老树，古渡界幽程。奇花瑞草，修竹乔松。修竹乔松，万载常青欺福地；奇花瑞草，四时不谢赛蓬瀛。幽鸟啼声近，源泉响溜清。重重谷壑芝兰绕，处处巉崖苔藓生。起伏峦头龙脉好，必有高人隐姓名"。这是标准的概念化描写！

6-058 我上大学时，没有园林景观专业，放在建筑学里，所学不多，但看到目前我国很多风景园林的千篇一律和缺少创新，且粗制滥造，就顺便提了几句。下面我发几张图片，一个是巴基斯坦拉合尔的莫卧儿王朝的夏利玛尔皇家园林，另一个是斯里兰卡的国宝建筑师巴瓦自己的仑甘尕园林住所。都是我拍的，我国所知甚少。

6-059 另一张照片里，巴瓦在朴实无华的宅前依势布置的草地远处摆了一个大陶罐，让视线有个句号，这在中国园林里也常见。巴瓦在英国学建筑，也欣赏意大利的园林风格，处处可见痕迹，包括古罗马雕像。但怎么看都是斯里兰卡的园林，何况室内陈设都是真艺术品，不是附庸风雅，摆舞台布景，搬不走也模仿不出来。

6-059 仑甘尕园林住所（自拍）

6-060 夏利玛尔皇家花园是伊斯兰园林杰作。水对于起源于沙漠中生存的阿拉伯人来说最为珍贵，可兰经里的天国就是水和奶。所以当伊斯兰教东进

6-060 拉合尔夏利玛尔皇家花园（自拍）

到中亚时，环境好一些，就以水做景观轴线，用水渠来浇灌树木。巴布尔大帝进入印度后，不缺水，气候也温暖，于是就出现了以水为主体的园林，因地制宜显特色而流芳于世。

6-061 人们常用鬼斧神工、造化来形容震撼人的空间，它以奇、刺激但又不着人为的痕迹著称。前面提到巴瓦的仑甘尕园林住所看起来非常天然，好像生来就是那个样子。其实，它的原址是一片杂乱的甘蔗园，巴瓦用了几十年的时间把它营造成今天的形象。查尔斯王子曾专程坐直升机来访过，但巴瓦去世后它逐渐地衰败了。

第七章
有关建筑的人、物、事

7-001 陈从周先生1986年在日本福冈做园林讲座（自拍）

7-001 对陈从周先生心仪已久，20世纪80年代，我的一个学生考上了他的研究生。1986年在日本福冈听了他关于中国园林的一次讲座。印象最深刻的两句话是"中国园林是文人园林"和"有人做了一辈子园林还不知道什么是园林"。奇怪的是先生一口宁波话但被介绍是杭州人。2000年先生仙逝，建"梓园"纪念馆怀念。

7-002 会议合影※7

7-002 2006年11月第11届海峡两岸建筑学术交流会在合肥召开，会后游黄山，下山在酒店晚餐时，竟然发现有新疆伊犁特卖，买了几瓶再续1996年的余兴。

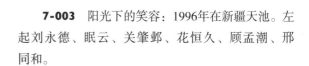

7-003 合影※7

7-003 阳光下的笑容：1996年在新疆天池。左起刘永德、眠云、关肇邺、花恒久、顾孟潮、邢同和。

7-004 会议合影※7

7-004 1996年第七次海峡两岸建筑学术交流会在乌鲁木齐召开，会议热情隆重但简朴，吃饭就在设计院17层。都是老朋友了，有些人在1986年日本的第一次交流中就认识。闭幕时自治区主席阿不来提会见了与会建筑师们。我发现台湾建筑师喜欢新疆伊力特，于是给每位台湾客人送了两瓶。2006年黄山见面时，有人说还保存着。

7-005　1999年世界建筑师大会在北京召开，开幕式在人民大会堂。一百多个国家和中国各地的建筑师几千人中午用盒饭，于是人民大会堂内和外面的大台阶上都是坐着、蹲着吃饭的人，引起外媒的报道。这情景过去没有，今后也不会有了。我和刘开济先生、王国泉女士也蹲在二楼用餐，下午刘总主持了学术报告大会。

7-005　在人民会堂用餐※7

7-006　那是1993年的事了，海峡两岸的建筑学术交流会第一次在台湾举行，与会的新老朋友说话也比较随便。在台中，前额突出，走路很快的李祖原先生在会上讲了他为什么在美国工作了多年又回到了台湾，说他是义和拳，就是要中国建筑立足于世界。在参观时，有位建筑师便对他说，你建筑上的那个脑袋就够你吃一辈子了。

7-006　李祖原和他的部分作品（自拍）

7-007 后来李祖原先生在大陆举办了作品展，也建造起了一些建筑，果然像宏国大厦那样的建筑在北京出现了。但使我预料不及的是，他在沈阳设计了像一枚巨大铜钱似的"方园大厦"，我怀疑是不是搞错了，但答案是肯定的，而且也荣膺了2011年世界十大丑陋建筑的称号。难道他想用孔方兄帮欧元区的弟兄们走出困境？

7-008 林宣先生※1

7-008 林宣先生1930年就读于东北大学建筑系，毕业于中央大学，1956年在西安建大任教授。先生敦厚儒雅，诲人不倦。讲义全是油印本，有次刚发下，就叫我收上去，再发时候发现一页模糊，他和张似赞老师每本手抄了一遍，至今难忘。他是林徽因的堂弟，1973年去西安拜访，梁先生已故，听他讲了不少梁、林之间的往事。

7-009-1 潘祖尧先生在乌鲁木齐（自拍）
7-009-2 和潘祖尧先生在科伦坡※7

7-009 香港建筑师潘祖尧先生曾是"亚建协"主席，多次到内地参加或举办建筑学术活动。他很有绅士风度，个人出资资助各类研讨会。会后还会请一些朋友到他的房间喝酒聊天，写写画画。由于身为全国政协委员，1993年两岸建筑研讨会台湾拒绝入境。2007年科伦坡"亚建协"的理事会上，历届主席都到了，便合影留念。

7-010 1987年8月"现代中国建筑创作研究小

7-010-1 会议开始，王恩茂到会场※7

7-010-2 王恩茂在会场（自拍）

组"第三届年会在乌鲁木齐召开。"小组"在当代中国建筑创作活动中起到了很大的影响，现在仍然以"中国建筑创作论坛"的名称在昆明召开第21届年会。1987年的会议规模很大，原自治区党委王恩茂书记到会看望了大家，对一个民间学术活动是很大的鼓励。

7-011 钟华楠先生是香港著名的建筑师，20世纪80、90年代活跃于建筑舞台。我们是好友，见面直呼我"小东哥"。1987年偕夫人、孩子来新疆，言谈甚欢。2003年我去香港拜访他和他的事务所，谈起太平山顶他设计的"庐峰"，他笑着说快去看一眼，马上要拆了。他送我一幅"眠云"的大字，至今挂在我的办公室。

7-011 钟华楠先生和给我题的"眠云"二字（自拍）

7-012 同济大学的戴复东院士做学术报告总以故事开头，和蔼可亲，他父亲是远征军名将戴安澜。他和我同去过喀什，特别喜欢拍摄维吾尔族的儿童，回上海后寄来转送给我。1996年说借一本《历代西域诗钞》，我说还有，这本送你吧。2013年我到同济见到他，他转身就走。不久他又转回来还我那本书，原来是回家取书！

7-012 戴复东院士在乌鲁木齐（自拍）

7-013 清华大学的陈志华教授长期以来从事外国建筑史和乡土建筑的研究，20世纪80到90年代写了不少建筑评论，以《北窗杂记》结集出版。他

7-013-1 陈志华教授在乌鲁木齐※7

7-013-2 我至今保存的1962年出版的《外建史》(自拍)

1960年编写出版的《外国建筑史》至今还在高校使用，我也还保存着。后来他专注乡土建筑的保护，1996年还给我寄来《新叶村乡土建筑》厚厚的一本书。到新疆我们同游过天池。

7-014 钟训正院士为人亲切平和，性格开朗幽默，是东南大学著名的教授和前辈。他和齐康先生是建筑学院两位健在的院士。他的铅笔素描功夫很深，成为一绝。记得他是1987年在乌鲁木齐参加了"现代中国建筑创作研究小组"，时年60岁，是小组里年龄最大的成员。图为他的一幅颐和园铅笔画。

7-015 2003年的上海国际建筑论坛，讨论了很受争议的国家大剧院设计。业主设计方代表周庆琳先生和保罗·安德鲁都参加了并在会上做了详细介绍。安德鲁讲话身体语言十分丰富，他说国家大剧

7-014-1 钟训正院士在丽江(自拍)

7-014-2 钟训正院士的铅笔画

院是他的一个梦幻。我问建成后会不会有遗憾，他说如果有就是没按照他的设计实现。对国家大剧院我是持肯定态度的。

7-016　我的恩师刘鸿典教授，1932年毕业于东北大学建筑系，1956年为西安建大的建筑系主任。我很后悔在毕业设计的渲染图里没听他的意见，他到别的教室说：那个王小东，叫他改他就是不改！1989年我去拜访他时，85岁的他还给我题了幅字，至今珍藏。1995年去世，享年91岁。这张照片是1989年照的，时年85岁。

7-017　1985年在广州中国建筑学会"文化大革命"之后的第一次年会上，东北工学院毕业的西安建大的刘宝仲、天津大学的聂兰生、重庆大学白佐民教授和汪之力先生。汪先生1949年后曾是东北工学院的院长。

7-018　吴良镛先生和我1981年在乌鲁木齐就相识，后来再到新疆也是我陪同。难忘的是他作为中国建筑学会代表团的团长，带我们一起访问过日本和我国台湾，他鼓励我不要放下水彩画和书法。在2005年的一次会上很多人要和他合影，看到我就对别人说："等会，我和老朋友先照"。这样就留下了珍贵的一张合影。

7-019　1985年中国建筑学会在广州召开了"文化大革命"后第一次学术年会，建筑界的前辈，当时任建设部部长的戴念慈在会议结束时，作了近3小时的发言。会场很简陋，戴老发言时，阎子祥先生主持。我拍下了难得的一张照片。中国建筑学会纪

7-015 保罗·安德鲁和周庆琳先生、作者在研讨会上※7

7-016-1 刘鸿典教授晚年照（自拍）

7-016-2 刘鸿典教授青年照※1

7-017 "东工"毕业的校友和汪之力先生（自拍）

7-018 1986年吴良镛先生在日本（自拍）

7-020-1 珍贵的照片（自拍）

7-020-2 作者和汪之力先生及夫人邵华郁在乌鲁木齐南山及吐鲁番※7

7-021 留影纪念※7

7-022 作者拍的大卫雕像
（自拍）

7-023关肇邺院士（自拍）

念成立60周年活动时，这是我提供的唯一保存下来的照片，后来收入到纪念册里。

7-020 中国建筑界的前辈，原中国建研院院长汪之力和夫人原中国建筑学会秘书长邵华郁1998年来乌鲁木齐访问，我陪客人到了天池、吐鲁番、南山等处。当时汪老已经80岁过了，但精神抖擞。原来还曾约我一起去西藏，但始终没有成行，甚遗憾！

7-021 因为乌鲁木齐烈士陵园工程和北京建筑艺术雕塑工厂的领导、艺术家、工人们成了朋友，1980年重访留影纪念。

7-022 1996年在佛罗伦萨我和崔愷与其他人走失，自由活动了一天，得以到美术学院参观大卫雕像。十分难得，一般旅游不会安排到那么远的地方，就在市政广场看那座复制品。可惜耽误了去圣·洛伦佐家族教堂欣赏米开朗琪罗另一件作品《昼、夜、晨、暮》。但在1999年补上了。这张《大卫》的照片是挤来挤去抢拍的，还算可以。

7-023 和清华关肇邺院士认识在1986年贵阳"创作小组"会议上，高个，文雅，很有风度。记得他在会上介绍了印度建筑。由于"西单商场"建筑方案，大家开玩笑称他为"废墟建筑师"。后来接触多了，在松江会议上和我住一房间，他静悄悄，而自己打呼噜怕打扰他不敢睡觉。他曾给我一份长信提到建筑母语和重复的必要性。

7-024 收到清华关肇邺院士寄来的书：《从包豪斯到我们的豪斯》，是先生30年前翻译的，汤姆·沃尔夫著，看了之后明白了为什么现在才出版。记得《美术》在王仲主持下口诛笔伐后现代，理性，教条，刻板成主流时，颠覆是很困难。我在35前年也翻译过《晚期现代主义和后现代的语言》，也只是私藏，被学生要去了。

7-024《从包豪斯到我们的豪斯》(自拍)

7-025 1980年就听天津大学的彭一刚院士讲《建筑空间组合论》，钢笔画一流。1986年在贵阳开会时也住一间房，直爽、健谈。1986年一起去过日本，1987年曾到我家，看到我住80平方米的房子说比他住得好。最近几年见面见他还是那样精神，是一株不老松。照片一是在日本，一是去年近照，中间是彭先生。

7-025-1 在日本※7
7-025-2 2012年在故宫博物院(自拍)

7-026 1996年由中国8家建筑设计院组成的建

7-026 在巴黎和意大利※7

7-027-1 在中国台湾
7-027-2 在法国
7-027-3 在中国工程院※7

7-028 王文卿教授和夫人※7

筑代表团，由建设部副部长率团在巴黎举办了"中国建筑展"和中法建筑研讨会，我和新疆建筑设计院也是其中之一。展览引起巴黎人的注意，有人看到红山下乌鲁木齐的建设时，惊叹说这是新疆吗？会后我们几位建筑师们用了12天时间自由行考察了意大利，难得的机会！

7-027 张锦秋院士1985年就认识。由于我们都被人冠以"西部建筑师"头衔，接触来往机会很多。我们曾一起去过中国台湾和欧洲。1996年10月7日在法国的斯特拉斯堡中午吃饭时她说今天是她60岁生日，于是大家就临时用蛋糕和红酒祝福了。那样认真、执着又单纯的学者今天不多了。她先生韩骥也是幽默多才，相处极易。

7-028 东南大学的王文卿教授性格开朗，还给我在新疆大学带过的第一届建筑学的学生在南京上过实习课，很受学生的欢迎。先生很风趣也喜酒，记得我们在宁波有过一次痛饮。1996年，先生和夫人到乌鲁木齐我家中做客，留下了难忘的一张照片。可惜先生几年前早逝，痛惜！

7-029 许安之教授曾是深圳大学建筑学院及建筑设计院院长，性格温和，是多年至交。他是中国建筑学会副理事长，我参加了他两次率团的赴德国

7-029 许安之教授在德国和给作者拍的获奖照※7

7-030 布正伟和作者合影※7

及美国、墨西哥、古巴的学术访问。1985年世界建
筑师大会国际建协在伊斯坦布尔给我颁奖，他自费
100美元到会场留下了那张珍贵的照片。2014年他到
新疆在我办公室合影纪念。

7-030 布正伟是个才子，20世纪80年代初崭露
头角，为人直爽可爱，执着追求建筑创作之路，对
建筑创作不良现象敢于直言评论。我和他一起去过
德国和意大利，哪里有他哪里就热闹，我们都亲切
地称呼他为"老布"。他对"建筑语言"及建筑"自
在生成论"研究很深。几年前给我贺卡里说这几年
去了很多国家，都是自费！

7-031 难得发现了一张1980年住在筒子楼里
的彩色照片，那是用彩色电影"伊士曼"正片胶卷
拍的，来经扫描才成了数字片。女儿和儿子都还小，
家具也是请木匠做的板式书架，没有上油漆，喜欢
那种木本色，记得小时后自己家里的家具也没上
油漆。

7-031 筒子楼里的家（自拍）

7-032 沈元凯教授在大学给我们教公共建筑
设计，他是1956年由"苏南工专"（我国第一个大专
设建筑学专业的学校学制4年，对学生要求严格）转
到西安的。做旅馆课程设计时，我做了个对称的平
面，他说最好不要对称，我坚持说谁规定旅馆不能

7-032 和沈元凯教授在乌鲁
木齐合影※7

7-033-1 在庞贝，左第一位是柴裴义※7
7-033-2 在丽江合影※7

7-034 唐玉恩在斯里兰卡（自拍）

7-035 向欣然和王国泉女士（自拍）

对称？现在想起很惭愧！1985来乌鲁木齐时我们在一起合影我特意向他致歉。

7-033 柴裴义是北京市建筑设计研究院的总建筑师，当年和马国馨曾在日本丹下健三事务所学习。1986年他的作品"北京国际展览中心"获全国优秀设计一等奖。他厚道朴实，说话简单明了。记得在比萨参观完，火车时刻快到，又打不上车。他喊一声"走"！于是我们开始了20多分钟的急行军，终于赶到，而且他的腿有疾。

7-034 唐玉恩大师一直在上海华东建筑设计院任总建筑师。当年参加"现代中国建筑创作研究小组"时才40出头，她的"上海图书馆"很成功，我们一直称她为小唐，性格温和，内向。2007年10月我们还一起去斯里兰卡参加"亚建协"理事会并去了马尔代夫。

7-035 中国当代建筑上刻有设计者建筑师的名字，大概只有向欣然了，武汉黄鹤楼就是。作为中南院的总建筑师，他在建筑界朋友很广，性格直爽可爱，喜欢看书，敢讲，喜欢争论。前几年看到他还是那股闯劲。开会时，只要有顾奇伟在，就大大热闹了，其实真正的学者是不摆架子的，没有官场上的那一套。

7-036 顾奇伟是老云南了，长期担任云南城市规划设计院院长的他，从来没离开他的规划职业，也曾为丽江古城的保护立了功劳。他是"现代中国建筑创作研究小组"的创始人之一。书、画一流，幽默风趣。上月在昆明见到他，还那么精神抖擞，

7-036 顾奇伟和他的建筑画（自拍）

不减当年。我们都亲切地称呼他为"老顾"。

7-037 1996年建筑理论与创作委员会在上海松江召开年会，我的发言是"建筑本原与形式消解"。会议合影里有刘开济、罗小未、张锦秋、唐宝亨、关肇邺、聂兰生、王国泉、顾奇伟、彭一刚、程泰宁、邢同和、李大夏、郑光复、周庆琳、罗德启、向欣然、刘克良、庄惟敏、张耀曾、王伯扬等人。这代人盛会以后不多见了。

7-037 松江会议合影※7

7-038 马国馨院士乐于助人，年轻时开会就像会务组的人一样忙来忙去。发言，说话一语中的，总是笑嘻嘻的好人一个。相机不离手，科技、建筑学人的影集已出过两本。我们交往已久，感谢他给

7-038-1 马国馨院士（自拍）　7-038-2 马国馨院士和布正伟、王国泉、作者在丽江※7　7-038-3 马国馨院士的题字（自拍）

我的《西部建筑行脚》一书写过长序。最近又送我《走马观城》和《求一得集》两本书。2006年为我院建院50周年题字一幅。

7-039 中国建筑师代表团在古巴和美国※7

7-039 1997年，为1999年在北京召开世界建筑师大会，中国建筑学会派出代表团到墨西哥、古巴和美国进行联络访问。当时古巴由于封闭，很多情况为世人不知。这两张照片一张是和古巴的朋友和华人在哈瓦那的合影，一张是和美国建筑师协会的领导人合影。中国代表团的团长是许安之，还有学会的周畅和唐仪清。

7-040 关肇邺院士等人在交河故城※7

7-040 1996年新疆建筑设计院建院50周年院庆，关肇邺院士、华东院邢同和总建筑师、西安建大的刘永德教授、《建筑学报》的顾孟潮先生等人参加活动。会后参观吐鲁番交河古城时，温度近40度，参观出来每个人的脸像煮熟了的大虾！再次感谢他们！

7-041 会议合影※7

7-041 1994年5月《建筑学报》编委会在乌鲁木齐召开了年度会议，新疆的建筑师们也列席了这次会议。会议还专门召开了关于新疆建筑的座谈会。合影里有严星华、莫伯治、赵冬日、陈鲛、戴复东、郑国英、鲍家声、栗德祥、洪碧荣、张祖刚、顾孟潮、范雪、王晓新。新疆有刘谓、管涛、孙国城、张胜仪等建筑师。

7-042 故宫合影※7

7-042 2012年6月，应故宫博物院单院长邀请，我们参观了经修复还没有开放的部分宫室。留下了一张难得的照片。他们是：邹德慈、李道增、周干峙、关肇邺、彭一刚、张锦秋、何镜堂、崔愷、王瑞珠、眠云、魏敦山、傅熹年、马国馨。难能相聚，

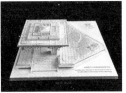

7-043 和何院士合影, 何院士赠世博会中国馆模型※7

周干峙院士于2015年3月14日仙逝。

7-043 何镜堂院士始终是一副笑呵呵和气的面孔, 头发蓬松散起。真羡慕他有那么好的团队。1983年从北京调入华南工学院后, 才气大展。2012年一到广州他就热情地拉我去看他改建的工作室, 令人羡煞。他的好脾气也表现在讨论建筑方案时, 哪怕是很尖锐的意见都能愉快地接受。世博会中国馆方案采用后对各种批评更显大度。

7-044 大家都说崔愷是后起之秀, 当代中国建筑创作的中坚力量。我认识他是1996年去欧洲时, 后来在意大利自由行中和他在佛罗伦萨"自由"了一天。他买了一件带帽子的皮风衣, 觉得很好。以后曾3次又去了佛罗伦萨, 但遗憾没买到。他被选为院士后, 好些中青年建筑师看到了希望: 崔愷上了, 别人才可能接着申报了!

7-044 崔愷和栗德祥教授以及在马赛公寓的合影※7

7-045 刘谞是我的校友, 我63年毕业, 他82毕业, 曾在同一单位工作, 现是新疆城乡规划设计院院长。1989年他说要下海, 我说去吧, 不好就回来, 后来果然回来了。1996年要去喀什挂职副市长, 我说对你有好处, 他就去了。他也是国内有才气, 有作品的中青年建筑师之一。现在我们经常见面, 有时去山居饮酒欢谈, 海阔天空, 岂不乐哉!

7-045 和刘谞在埃及的合影※7

7-046 程泰宁院士和他的一
本著作（自拍）

7-046 程泰宁院士是杭州市建筑设计院院长时我们相识的。"创作小组"的会他也常到。他比我年龄稍大些，但创作热情比我高多了。2013年12月他作为"中国当代建筑设计发展战略高端论坛"的组织委员会主席，在南京召开了一次隆重的会议。我无奈缺席，2014年在深圳年会上把发言补上。2014年11月底我们又在昆明见了面。

7-047 1996年在意大利的十来天的自由行里，清华大学的栗德祥教授说，西西里有座古希腊神殿群的遗址，便和华东院洪碧荣先生三人坐飞机到了巴勒莫，又坐火车到了西西里岛南端的阿格里真托，参观了这组建筑群，那些神殿静静地沐浴在蓝天阳光下。第3天又参观了巴勒莫市区，还见识了工人罢工，秩序不错。

7-048 邹德慈院士已经80多岁了，是我国城市规划界的泰斗。当年和乌鲁木齐第一任规划局局长王申正50年代初都在中国城市规划院工作，为人慈祥、温和。2001年12月不顾天气寒冷，从北京抽时

7-047 在阿格里真托和巴勒莫海边※7

7-048 邹德慈院士在评审会上※7

间赶来主持我们的"乌鲁木齐城市特色研究"课题的全国性评审，第二天又到另一个城市开会，难忘此情！

7-049 杨永生先生是我国著名的建筑出版人、建筑文化学者、中国建筑工业出版社原副总编辑。20世纪80年代就来到新疆主持《新疆丝绸之路》画册的编辑。我们多次来往，也委托我参与了一些书刊的写稿。先生于2012年7月18日手书赠我一本他的《缅述》一书，不料7月30日病逝于北京，此书成为绝唱。

7-049 《缅述》和彭一刚为先生的画像（自拍）

7-050 乌鲁木齐终年可见雪山冰峰，她是历史的见证。今年《建筑学报》第3期上有我一文："历史舆图中的乌鲁木齐"，重点阐述了它自古以来就是多民族共同开发的过程，天山可鉴！今晨登山，远处可见唐轮台古城。岑参诗中"轮台东门送君去，去时雪满天山路。山回路转不见君，雪上空留马行处。"犹在耳际回响。

7-050 远望博格达峰（自拍）

7-051 在网上看到了海口市的亚希大厦，20多年过去了。审图时我给去掉了40多根柱子，当时业主之一刘公策先生说以后你到海口就用省下柱子的钱请你吃饭。那是1989年的事，想起海府大道上的往事感概不尽，物是人非，大厦未建成，刘先生就

7-051 海口亚希大厦※7

去世了。谁能想到它是新疆喀什人投资建成的。

7-052 王维、李白、孟浩然同时代人，也交往。但人性的复杂和软弱就像光和影一样不离。我只是喜欢他们的文采和对自然田园的向往。人也是此一时，彼一时，当年白居易建庐山草堂，美矣！但接到升官诏令，就美滋滋地弃草堂而去了。人生不仅是黑与白，大部分人都活在灰色地带，只要不奴役，残害大众，随他去吧！

7-053 其实苏轼是很懂变化的，但生命有限，只有"惟江上之清风，与山间之明月，耳得之而为声，目遇之而成色。取之无禁，用之不竭"。以生活的态度适应万变，悲喜随心，随性。佳！

7-053 自书《赤壁赋》一段

7-054 1981年我在翻译C.查尔斯的《晚期现代主义和后现代主义的语言》时，当时对国外信息知道有限，记得还在争论"POST"怎么翻译。翻译上文时，出现了"A+U"不知是什么，几年后，才知是日本世界一流的建筑刊物名；说某建筑像shell,怎么也对不上，1987年第一次到美国，一下飞机就知道了，原来是壳牌加油站！

7-055 传统，地域与现代：两只小红碗是日式青花，把红色和青花结合，因为是东洋，中国的传统有了日本味。另外两只小杯是现代创意白瓷杯，也很好。难道不能包容并存？但不能剩茶水就不叫杯了，为另指的物。

7-055 传统和现代的杯子（自拍）

7-056 巨石阵俯视※1

7-056 一张举世闻名的英国史前遗址巨石阵俯视照片，没有中国特色：拥挤的人群，密布的商业，游客接待中心，被包围的各种建筑等等。至于门票尚不清楚，不过我去土耳其特洛伊遗址时没收门票，另外国外的教堂，清真寺都不收门票，记得唯一收门票的是巴塞罗那的圣家族教堂。

7-057 胡杨的肌理。这是从阿瓦提刀郎部落酋长处要来的胡杨木。如果你凝神静虑，把思绪放在千百年的时空，这些千变万化的肌理都会有不少故事，气候的变化，风沙的侵蚀和雕刻，动物的来临，一个偶尔的外部变化造就了如此丰富的面孔。不要匆匆走过，惊叹它们千年不倒，千年不朽。最好陪它回忆那些历程！

7-057 胡杨的肌理（自拍）

7-058 一本画册：是我让学生专门从英国带来的，介绍19世纪古埃及的绘画。埃及文明史可以追溯到公元前4000年，但今天世人所知的埃及却与1798年拿破仑远征埃及有关。一个被淹没的文明被发现也被掠夺。在摄影术没有发明前，画家们涌向埃及用绘画表现埃及的古文明。参观卢浮宫后明白了贝聿铭金字塔的意义。

7-058《古代埃及绘画》（自拍）

7-059 埃及莎草纸记事本：莎草纸的制作曾失传，20世纪又恢复了。这是我在埃及用的一本记事册，上面有参观时的记录。阿拉伯文为导游阿穆尔所写。

7-059 埃及莎草纸记事本（自拍）

7-060《弗莱彻建筑史》：第20版的英国人编著的权威性世界建筑史，国人多有不满，认为介绍中国的不多，但中国为什么除了陈志华先生在1962年编的那本简要外建史还在当教材用，为什么不编一本新的世界建筑史呢？1944年陈理群根据《弗莱彻

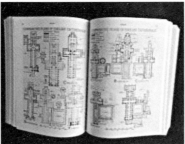

7-060《弗莱彻建筑史》和《西洋建筑史》(自拍)

7-061 木雕果盘(自拍)

建筑史》编译了《西洋建筑史》。70年了，我们忙些什么呢？

7-061 这是朋友送给我的一件巴基斯坦果盘，辨别不出是手工还是机制。这要非常精细，才能拉开与复原。但我对民间工匠制作和艺术水平从来都抱着天外有天的崇敬态度。米兰大教堂大理石图案的拼接不比计算机操作差。当人们整天抱着手机屏时就会疏远了对劳动、创造和艺术的鉴赏。

7-062 《中国营造学社汇刊》：在我的书架中有两册此书，我收藏它是为了纪念前辈及老师。在那么艰苦的环境下，他们为保护中国建筑文化遗产付出了多大的心血。图中有一张罗列了资助出版的人与机构。对照今天，难道不能反省什么吗？以此怀念林宣教授去世十周年。

7-063 巴基斯坦建筑师赠我一本关于拉合尔历史的书。我曾尽力搜集乌鲁木齐的老照片，与城市有关的也就几十幅吧。也许有人说寻找过去有什么用，指点现在江山多风流。我的回答是，历史中有人心，人文，尤其真实的记录更比胜利者编纂的有云泥之别。现代人也要历史的人文滋润。

7-062《中国营造学社汇刊》（自拍）

7-063《拉合尔纪实》（自拍）

7-064　巴基斯坦的建筑师还送我一本《拉合尔》的书，记录了不少画家曾经画过的历史风貌。中国少有这样的书，历史被无情地隔断了。在大拆大建谋取卖地收入时我们进入了千篇一律的新时代。文化荒漠化会殃及后代，忘却成时麾。图中的大清真寺、夏利玛尔花园都在。一张是2004年我在贾汗吉尔陵园。

7-065　拉合尔与印度相邻，是莫卧儿王朝的重要宫室与陵园地。2004年在此购得这件木雕，在印度神哈曼奴法力无边，家喻户晓。据说是孙悟空的原型，也有道理，猴子在印度享有特权。放一张世界上最美的拉合尔堡的娜拉哈亭，全用白色大理石造。还有一张是印巴在国界上的降旗仪式，引众多人参观。

7-066　记录回忆的载体。常说旅游上车，下

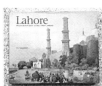

7-064-1《拉合尔》（自拍）

7-064-2 作者在拉合尔贾汗吉尔陵园※7

7-065 猴子木雕、娜拉哈亭和降旗仪式（自拍）

车，回来怎么怎么。给自己照相成为主要的事。其实多看看，买点小纪念品也可以帮你记忆场景。这两件绝不算收藏品，一件是在巴塞罗那米拉公寓下的小商店买的，具有高迪的风格；另一件是在米兰大教堂旁边买的，有点损坏，还和老板讨价，也有意思。生活并不是照片一张。

7-067 《中亚史纲》：新疆受到全球关注，但对新疆的历史研究却不甚了了，对中亚历史的研究近些年也放松了，这是不正常的。这本王治来著的书由湖南教育出版社出版，印数仅仅为720册。中亚这块土地上亚历山大和帖木儿都想东征而途中结束其生命，希腊、佛教、伊斯兰文化都曾覆盖过。不知历史怎知现在？

7-068 曾想写本中亚建筑史，去了中亚十几个城市，由于文史资料太少作罢。只在《伊斯兰建筑

7-066 纪念品的回忆（自拍）

7-067-1《中亚史纲》（自拍） 7-067-2 中亚古代壁画※7

史图典》中作了一章。这本《中亚蒙兀儿史》的作者是建立印度莫卧儿王朝巴布尔大帝的姨表弟，书中详情记录了帖木儿帝国之后中亚的混乱历史。此书在新疆1986年出版印刷2千册。附图是巴布尔进军印度的情景。

7-069 《西域考古图记》之一：这套巨书是我在2000年买的，新疆来了5套，定价5千多元，我不要发票用3千多元购得。那时准备好好作学问告别建筑。但事与愿违，我所作的一些重要建筑恰恰是这以后了。由于书太大太重，平时也难得一翻。最近由于总在家中，先介绍书的装帧：外壳和一件敦煌曼陀罗仿木雕图案。

7-068-1《中亚蒙兀儿史》
（自拍）
7-068-2 巴布尔进军印度的历史画※7

7-069《西域考古图记》（自拍）

7-070《西域考古图记》(自拍)

7-070 《西域考古图记》之二。广西师范大学能出版如此巨著值得称赞。在今天学术之风浮躁的背景下更显可贵。我已基本不收博士研究生了,调研困难,有价值的参考文献也不多,我见到一位读了八年的在读博士生,要转到我名下,研究课题是陕西地区民居特色,题目又大又抽象,谁敢做?看斯坦因的这套书就明白了。

7-071 创意贺卡(自拍)

7-071 著名的中青年建筑师汤桦春节贺岁品也很有创意。去岁是一块金属牌,今年更绝是一枚大马棋子,和朋友们分享:方圆之间,走好马年一局棋!

7-072 新疆国际大巴扎模型(自拍)

7-072 建筑小模型:新疆国际大巴扎有两个1:200的模型,作为纪念品的金属模型也有两种,这是其中比较大的一个。大巴扎建成已十年,接待过上千万人。在建时,市某领导一定要贴面砖,甚至以人大代表视察为由强迫贴面砖。幸亏当时的市长雪克莱提反对,说你们到国外看看,哪一个好建筑贴瓷砖的。才作罢了。

7-073 可能不少人以为琉璃是中国的发明,其实它发源于两河经中亚传入中原的。日本古建的唐

7-073 布哈拉可汗后宫（自拍）

7-074《长春世界雕塑公园》（自拍）

风是没有琉璃瓦的，因唐代没有。所以中亚琉璃烧制的水平很高，琉璃砖，檐头装饰应用很普遍。我从中亚几国也带回一些彩图釉盘，在布哈拉我曾为可汗后宫宏伟的一片蓝色釉面墙而震惊。

7-074 中国建筑学会原理事长宋春华平易近人，一身学术气。去年年底赠我《长春世界雕塑公园》巨著一套3册，深表谢意。此书又经刘谞先生从北京带来并送到家中，至为感动。理事长是当年清华建筑学毕业的高才生。他也擅长摄影，有次对我说给学报送去稿件里的照片应请专业摄影师，令我惭愧。

7-075 美国一般工艺品店里的东西，总是卡通味很浓。所以也没有什么可买的纪念品。这件用石膏制型加膜再施彩绘的"碗"，是在纽约古根海姆美术馆售品部买的，好像好几十美元，有点贵，但细看色彩变幻像水彩画，很现代。朝圣似地到了莱特划时代作品的地方，说什么也得带件纪念品，尽管它是大建筑主义的。

7-075 纽约古根海姆美术馆的工艺品（自拍）

7-076 匈牙利的瓷盘：大约在20多年前，几位匈牙利的建筑师来新疆访问，给我送了这件精致的小瓷盘，一直小心地保存着。这次会面第一次听匈牙利人自己讲是来寻根的。看来匈奴人西迁引起的

7-076 匈牙利的瓷盘（自拍）

7-077 吉尔吉斯斯坦的国际
象棋（自拍）

欧洲第一次民族大迁徙，一些匈奴人最后定居在那里的说法匈牙利人自己也认可。那哥特人南下灭了罗马帝国也与此有关？

7-077 吉尔吉斯斯坦的国际象棋：这是比什凯克的朋友送给我的，但被民族化了。王后，将军，士卒都变成了吉尔吉斯人，不过我想是不是也可以换成中国的皇后和将军呢？我们热衷过圣诞节，法官的服装也欧化了。我想如果有一天中国成世界上最发达的国家，人家可能也热衷于过春节呢！

7-078 伊兹米尔的山地住宅：伊兹米尔是土耳其第3大城市，它的山坡上布满了密密麻麻的住宅，阳光下分外灿烂。这里有世界7大奇迹的阿尔忒密斯神殿遗迹，有圣·约翰书写《马太福音》的地方，圣经里的以弗所就是指这里，圣母玛利亚在这里去世。

7-079 猫头鹰彩陶罐。在很多陶罐中它很不起眼，但把它单独地放在一个干净的环境里越看越有意思。很多好艺术品就因不花哨被看走了眼。所以美术馆、博物馆陈列品的背景都朴实无华，这样才能衬托艺术品的光芒。

7-078 伊兹米尔的山地住宅（自拍）

7-079 猫头鹰彩陶罐（自拍）

7-080《哈萨克斯坦建筑艺术》(自拍)

7-080 54年前的书：这本《哈萨克斯坦建筑
艺术》出版于1959年，定价为25卢布30戈比，可以
买件呢子大衣，内容丰富而珍贵，测绘及照片是重
要文献，对研究新疆建筑也有参考价值。如书中的
一座清真寺显然受到中国汉族文化的影响，大厅内
如果不是"米海拉卜"和"敏巴"（神龛和讲经台），
会认为是中式宫殿。

7-081 63年前的书：这本由莫斯科1950年出版
的《中亚城市建筑史》已经有63年了。我在写《伊
斯兰建筑史图典》时重要的参考资料。到中亚几国
时旧书店我一定要光顾的，倒是淘了几本。这本书
的一些测绘资料至今还被引用。图中撒马尔罕的艾
基斯坦广场的三大建筑现在保留得很好。另一张是
希瓦的鸟瞰。

7-081《中亚城市建筑史》(自拍)

7-082 "缺陷"美（自拍）

7-083 希腊陶罐（自拍）

7-084 《童寯画纪·赭石》
（自拍）

7-082　这是一件很浪漫的物件，在陶瓷店看到时店主说可能是废品，处理给了我。其实我还是很喜欢它的"缺陷"美，我认为是工艺匠故意为之，请看凹进的边缘很薄，很柔软，用第三只眼欣赏，陶艺还可以这样做，色彩总体可，但章法乱了。

7-083　1996年到西西里南端的阿格里真托专程去参观一组古希腊神殿，一行3人自由来往。这是我第一次看到真实的古希腊建筑，阳光艳丽，游人不多。等回到罗马突然想起没买个彩陶罐，晚上到一个店里买了一个小小的安慰自己。2008年到希腊就记着这个愿望，终于在厄庇达鲁斯附近的一个小镇上选购了几件。

7-084　童寯先生的画：先生为东北大学建筑系主任。恩师刘鸿典先生就是第一届毕业生。我在大学由林宣、张似赞先生教外建史时用的就是童先生从欧洲带来的玻璃幻灯片，现在应是文物了。这本巨书里的画大部分是1930年先生旅欧时的水彩画，如此恒心，如此高的艺术水平，令人敬仰。感谢东南大学能出版相赠。

7-085　长安古地图。乾隆历时七年修编的《四库全书》是一部浩瀚的巨著，仅有四套保存。虽然

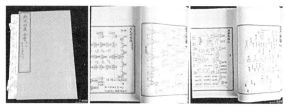

7-085 长安古地图（自拍）

7-086 《华夏文化与世界文化之关系图解》（自拍）

对历史有篡改，但学术价值还是很高。现在出版的全书连4个书架在内十几万，私人购买极少，好在有电子版可下载。我的这几册影印本有一部《长安志图卷》，长安古地图就不少，可供现在的研究引经据典，可惜用者不多。

7-086 　一本好书：1993年在台北故宫博物院购得《华夏文化与世界文化之关系图解》一书，书中以碑帖长卷的形式把华夏与世界文化用图像加以比较，一目了然。选材严格翔实，印刷精美，是书经常置于案头翻阅。用比较法研究文化是近百年来兴起的风气，有比较才有鉴别。如一张白纸，你可能难以判断其色相，但把几张不同的白纸放在一起就知道了。

7-087 　塔克西拉的佛像：2004年在伊斯兰堡想去白沙瓦看看，主人说危险不能去，就把我们送到两地之间的塔克西拉佛教圣地。当年玄奘西行曾在此学习停留，佛寺内泥塑佛像很多，还有玄奘当年住宿的地方。博物馆内保安要我10美元才让给一座佛照相。是典型的希腊文化和佛教文化结合的犍陀罗风，买了件纪念。

7-087 塔克西拉的佛像（自拍）

7-088 手绘青花笔筒（自拍）

7-089 土陶艺人像（自拍、
自绘）

7-090 台湾木雕（自拍）

7-088 手绘青花笔筒：这是我在瓷器店里买的，店主看不上，说太粗陋。恰恰我喜欢，质朴但有泼墨之感。比那些滑溜溜媚俗的鹰击长空、骏马奔腾、福禄寿、一帆风顺题材的东西可爱多了。当毛驴尾巴捆上画笔在画布上乱甩被当作艺术品时，鉴赏力、价值取向扭曲时，要有自己法眼，特殊并不全是优点，谨记之。

7-089 泥塑：雕塑家张文阁先生送我一组土陶维吾尔人像，传神、稚朴、可爱。他在火焰山有个土陶馆。这组人物使我想起阿凡提。好几个城市曾找我设计阿凡提有关的游乐园、博物馆之类的建筑与规划，但都拒绝了。看到这组陶人，忽然也想飞翔一下，做了个阿凡提大厦的创意，和帝都的天子大厦比，如何？

7-090 难忘的"掌声"谴责：在台湾的学术交流会上，安排去日月潭夜宿，并有欢迎仪式。途中有段自由活动，我和其他两位在一家旅游商店中挑选木雕工艺品，我选择了图中这件。另两位大姐细心，多用了一些时间，耽误了欢迎仪式。当我们气吁吁赶到车上，响起了一片掌声，这是谴责的掌声！至今想起仍无地自容。

7-091 1993年大陆与台湾建筑师第一次在台湾学术交流。大陆由吴良镛先生为团长。也是台湾第一次允许共产党员，人大代表入境。行程在台北，台中，高雄。我尽可能地请同行签名留念。

7-092 阿拉伯之门：2003年在迪拜的"火车头"市场看到了这樘制作精细的阿拉伯风格的门，硬木、

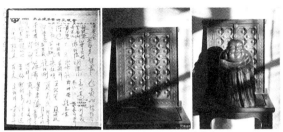

7-091 两岸学术交流会 7-092 阿拉伯之门（自拍）
参加人签名留念（自拍）

线刻，并装以铜饰，价格不高携带方便，以手提行李带到乌鲁木齐。想给大巴扎观景塔的大门作参考。结果工匠用枫木依原样做了，成本很高。但前两月去时发现被覆盖了。可惜！好在我还把原件保存在山居与佛同处，也好。

7-093 1986年以吴良镛先生为团长的中国建筑师代表团参加了日本建筑学会成立100周年旳活动。在东京知事办的宴请是散台式，我用了两个喝清酒的方形杯请与会建筑师在杯上签名留念。台湾建筑师代表团和我们初次相聚，开始戒备，后来相熟。杯上有吴先生和台湾代表团长张世典的签名。至今见签名犹忆其人！

7-093 日本酒杯上的签名（自拍）

7-094 伊兹米尔的木盒：处于土耳其西南端的伊兹米尔市场里木雕很多，可惜行李箱有限，只购了这件木盒。经常听见对工艺品有人问：有什么用途？我无法回答。我在思考几个问题，为什么远古时代的图案抽象化，而且在信息无法沟通时呈雷同状？远古时的图案是不是更接近某种符号，而不是造型？抽象是不是艺术的终极？

7-094 伊兹米尔的木盒（自拍）

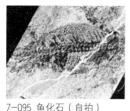

7-095 鱼化石（自拍）

7-095 鱼化石：原来红山还是光秃秃的时，有人说页岩中可找到鱼化石，但我就住在山下，去了多少次也没遇到，后来还是从巴扎上买了几块了却心愿。如果你审视深思，回到亿万年前，这里的故事和变迁够你凝神遐想了。然后再把自己置身于时空中，可明白生前生后事浩然渺然，不定亿万年后你的痕迹出现在哪里？

7-096 黄陵祭祀大殿模型（自拍）

7-096 2006年春应张大师之请有幸参加了祭祀大殿落成建筑研讨会。会上每人发言都在《建筑学报》上摘要刊登过。其中有段我说张大师曾到清华大学招聘建筑学的学生到西北院，一位学生说，张大师您在西部已做得很好了，我们就把西部留给您吧。当时张大师插话说确有此事，并说出那学生的名。

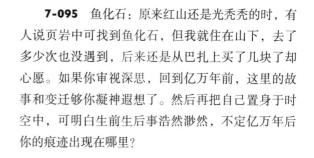

7-097 来宾签名簿（自拍）

7-097 1996年我院成立40周年庆典，时值海峡两岸建筑与城市学术交流会同时在我院举办。这本签名簿还在我办公室保存。过两年多就是建院60周年了。人世虽变迁，但这些客人大都健在，这里选发几张，大家看看有没有你认识的？欢迎2016年再次光临。

7-098 硅化木"南极地图"：十年前装饰新居时到一大理石厂选购石材，在车间见到了几块锯好磨光的硅化木，石质发红已玛瑙化，年轮清晰，图形酷似一幅南极地图，拿回来就把它装于一进家门对面的墙上，并用两块黑与红的花岗岩板作底，下面还装了一对铜门扣，似两扇虽设而常关的门。

7-098 硅化木与"门"（自拍）

7-099 手抄《道德经》。1995年我正在思考建筑走火入魔之际，为了静心便利用晚上的时间把老子的《道德经》用毛笔抄写了一遍，边写边思考。最大的收获是对"度"的理解，道可道，度难道，那是一切事物的艺术空间。即刹那间的火候，那是不能量化的感性灵气。也就是说没有了度就没有艺术，大师傅炒菜也是。

7-099 手抄《道德经》（自拍）

7-100 筒子楼里※7

7-101《积石堂记》的节录
（自拍）

7-102 土耳其彩陶盘（自拍）

7-100 老照片：70年代末的我与筒子楼里的单间房。

7-101 在比较落后的兰州，有一座创办已有一百多年的国内著名的大学：兰州大学。这是民国37年顾颉刚先生在兰大写的《积石堂记》的节录。其中有"水也，书也，固皆校中人所不得须臾离者也"之句。饮水思源，黄河母亲哺育人才。纵观今日高校，浮虚逐利，于心不忍，故招博士生寥寥。

7-102 未损大盘：这是从伊斯坦布尔带来唯一没被损坏的瓷盘。直径为30厘米，是以蓝色为基调的彩色大瓷盘。图案以航海为题材，从博斯普鲁斯海峡可直驶爱琴海，海洋是土耳其人的向往。这个被称为露天博物馆的国度里，古希腊、罗马、拜占庭、奥斯曼帝国，甚至两河流域、诺亚方舟等历史遗迹都包容在内的地方，不去可惜！

7-103 一件是汉晋时代于阗出土的皮轮筒，另一张是我办公室的光影，都是极简。但简中有繁，繁中有简，一个是现代的不锈钢筒，一个是古老的皮革。尤其那轮筒置于品牌店中当包袋出售也会受

7-103 都是极简（自拍）

人青睐；作为一些建筑师的创意也不错呢！总比那个北京的土豪金好，像一卷捆着的报纸！

7-104　波斯风细密画瓷瓶
（自拍）

7-104　这是伊朗波斯风细密画瓷瓶，当年阿拉伯帝国横跨欧亚时天文、数学航海、医学都遥遥领先，精细的手绘艺术也独步天下。而如今处于战乱中，强者霸道，弱者故步自封，文化艺术也跟着垮塌，悲夫！

7-105　我不主张几十位院士联名上书说事。院士不是万能的，超出自己专业范围联名上书不可取，不要把自己估计过高而成笑柄。我想问这次联名上书中的人有几个是研究转基因的专家？如果是有人授意而为，学术自由，独立思考的基本天职哪里去了？深夜无眠，写几句互勉！

7-106　老房子（自拍）

7-106　新疆医科大学里还有20世纪50年代的苏式房子，现在作为文物保护单位了，城市没有了记忆就失去了灵魂。

7-107　不服老的前辈（金祖贻提供）

7-107　新疆建筑界的前辈，建筑师，规划师，85岁了，今年国庆还参加旅游团到了喀纳斯，禾木，白哈巴，木垒胡杨林。在喀纳斯登上了千级台阶的观鱼台，她叫金祖贻。

7-108　夜读老同学陈景元在西安聚会时所赠《秦俑风波》一书，此前我已读过他的《秦俑真相》，钦佩他的恒心和不屈不挠，在西安时我对他说：老元，你已尽到自己的责任了，我们有生之年看不到结果的。愿若干年后的始皇陵破封时还历史的清白。在陈景元的书里有一张我们在彭野教授带领下做临

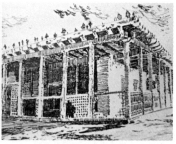

7-108《秦俑风波》和1961年我们做临潼规划的全体同学 7-109 默拉纳额什丁麻扎钢笔画（自绘）※7
合影※7

7-110 我的学生时代（管恩锜绘）

7-111 仿生也很难（自拍）

7-112 昭怙厘寺遗迹钢笔画（自绘）

潼规划的全体同学合影。

7-109 库车默拉纳额什丁麻扎。他是早期伊斯兰东进的传教者被称为圣人。此麻扎应建于宋理宗时，是新疆最早的伊斯兰建筑的遗存。

7-110 同学聚会时，管恩锜的画册中有我当年在大学时的一张速写。标题中说我"练书法用的是旧报纸"。

7-111 蜘蛛的"参数设计"。

7-112 库车昭怙厘寺遗迹，大唐西域记中有记载，玄奘西行曾在此停留。是魏晋时佛寺。

7-113 2000年春，库车大峡谷刚发现，里面的千佛洞鲜为人知，我从县委书记手里拿了石窟的钥匙，从悬梯爬上了30余米高悬崖上的千佛洞，拍下了令人震惊的1300多年前的壁画，水平之高直指克孜尔。

7-113 石窟的壁画 7-114 库车汉代烽燧（自绘）
（自绘）

7-114 库车汉代烽燧。

7-115 草书使我想到了世界著名的画家赵无极先生。1983年我参观在建的香山饭店，业主为如何安排赵先生的两幅巨作为难，由于贝聿铭先生的坚持，说中国如此之大，竟然容不下赵的两幅画，最终总算放到了咖啡厅，人问这画表达了什么，我回答：你愿怎么想都行。见仁见智！

7-115 赵无极作品（自拍）

7-116 我见过从法国回来的华揽洪先生和从英国回来的陈占祥先生。二位是当时中国建筑界、规划界的佼佼者。也是在首都规划中的敢于直言者。可是都受到了批判，二位在1957年划为右派，华去了法国，2002年获法国部长授予的艺术与文学文艺最高级勋章。陈在隐去多年后去世。现在人们用各种方式怀念和纪念他们。

7-117 写字入迷，看到人和物就想到字体和笔法；画小钢笔画，看见景就似乎是线条疏密直斜；画水彩看到什么都是光影、色彩和水分的交融。有情才有景，触景又生情，此情难述，恍惚迷离之间便窥视了艺术殿堂里的玄妙。

图片来源

※1 网络图片

1-001   http://tupian.baike.com/a3_40_11_013000002445251225
      89117895285_jpg.html

1-002-1 blog.sina.com.cn/s/blog_50f3cd420102e98c.html

1-005-1 www.answers.com

1-005-2 www.kejixun.com/article/201407/54994.html

1-006   www.lsfyw.net/wiki/index.php?doc-view-2921.html

1-007-1 joowii.com/arc/hqck/jsck/2011/0926/35657.html

1-008-1 www.022net.com/2008/9-22/473039323023067.html

1-008-2 www.jd.com/bigimage.aspx?id=1277141904

1-009-1 www.360doc.com/content/12/0401/14/8434947_19994381

1-010   http://blog.sina.com.cn/godblessleo

1-011-1 tz.bbs.loupan.com/forum.php?mod=viewthread&orderty.

1-011-2 house.hexun.com/2014-12-24/171761816.html

1-011-3 k.ifeng.com/citylife/55601

1-011-4 www.daodao.com/LocationPhotos-g255060-w205-Sydney

1-011-5 club.bosee.cn/club/bbs/7070_5_0_1.htm

1-012-1 bbs.zhijia.com/thread-173-1-25.html

1-015-1 kan.weibo.com/con/3592073341122866

1-016   www.mafengwo.cn/photo/14575/scenery_3173859_1.
      html

1-019-1   blog.sina.com.cn/s/blog_69a265090100jhhz.html

1-019-2   de.wikipedia.org/wiki/Chich%C3%A9n_Itz%C3%A1

1-020-1   bbs.voc.com.cn/topic-1797790-1-1.html

1-020-2   www.zuo3.com/detail23859702.html

1-021-2   http://www.publicdomainpictures.net/view-image.ph
                 p?image=29142&jazyk=NL&picture=lodewijk-xiv-de-
                 quotzonnekoningquot

1-024-1   roll.sohu.com/20120422/n341283247.shtml

1-024-2   www.360doc.com/content/10/0918/22/1535960_54725082

1-026   www.cool-de.com/thread-594622-1-1.html

1-027-1   www.sortol.com/bd/504888.htm

1-027-2   www.ishzx.com/mingjia/1310.html

1-027-3   news.sohu.com/20120828/n351694514.shtml

1-028   booktranslater.blog.163.com

1-029-1   www.nur.cn/news/2014/12/200159.shtml

1-029-2   t.hexun.com/22073392/42830500_d.html

1-030   mashable.com/2014/12/08/dubai-street-view/?geo=au

1-032   www.99hots.com/2013/0528/89470_3.shtml

1-034   blog.sina.com.cn/s/blog_4bf986b30100ndlw.html

1-035   www.guokr.com/post/338305/

1-036   http://www.360doc.com/content/14/1223/17/8432479_
                 435209934.shtml

1-038-1   design.cila.cn/sheji-view-3258.html

1-038-2   bbs.qyer.com/viewthread.php?action=printable&tid=5

1-038-3   info.anjuliye.com/decoration/13289

1-039-1   https://huaban.com/onyb2yfmnl/

1-039-2   xiezilou.bj.bendibao.com/bj/13670263.htm

1-039-3	down6.zhulong.com/tech/detail_prof2011.asp?id=7768.
1-042-1	www.livnj.com/bbs/article_418073.html
1-042-2	bbs.linyiren.com/thread-26649-1-1.html
1-045-1	lywb.lyd.com.cn/html/2008-11/07/content_454866.htm
1-045-2	news.cqwin.com/guonei/
1-050-1	www.internet.hk/doc-view-26852.html
1-050-2	www.thefullwiki.org/Borromini
1-053-1	www.acfun.tv/a/ac679592
1-053-2	bilgekisi.sosyomat.com/
1-054-1	bbs.ylshw.mywz.cn/ShowPost.asp?ForumID=51& ThreadID...
1-054-2	www.tutu001.com/JPG/sc_art/jpg_74445.html
1-055-1-1	www.linkshop.com.cn/web/oversea_show.aspx?articlei.
1-055-1-2	www.pinterest.com/sakikomiyakuni/colani-mes-source
1-055-2-1	blog.sina.com.cn/s/blog_a60a582701019aqa.html
1-055-2-2	http://mxd.youwo.com/bbs/viewthread.php?extra=page %253d947%2526amp%253borderby%253dreplies&orderty pe=2&tid=130860
1-056-1	www.ionly.com.cn/nbo/news/info3/120111114/1114150
1-056-2	news.zhulong.com/read177272.htm
1-057	newsx.etowz.com/2012/0830/295626.html
1-059-2	t.sina.com.cn/1741928964/profile/
1-060-1	bbs.sirenji.com/thread-31422-1-10.html
1-060-2	scitech.people.com.cn/GB/8746520.html
1-061-1	http://www.nipic.com/show/1/47/7031829kc0d70b16.html
1-061-2	http://blog.sina.com.cn
1-061-3	www.3lian.com/gif/2014/12-16/70123.htm

1-062 club.buycarcn.com/forum.php?mod=viewthread&tid=954

1-063 detail.1688.com/offer/566217598.html

1-064 gz.100ye.com/msg/13681571.html

1-068-1 www.art-here.net/html/pv/17268.html

1-068-2 www.k1982.com/design/4808_2.html

1-068-3 www.design.cn/html/34/n-3534.html

1-069-1 www.56china.com/2009/1019/70613.html

1-069-2 www.shangxueba.com/jingyan/1986641.html

1-070 www.huaxi100.com/thread-74241-1-1.html

1-071-1 blog.sina.com.cn/s/blog_62a6693c0102v1ke.html

1-071-2 www.quanjing.com/imginfo/sps4285-24059.html

1-071-3 bbs.tuniu.com/thread-360930-0.html

1-072 www.9eat.com/news/info/46759.html

1-073-1 www.pokart.net/html/news/daily/201301/11-2535.html

1-073-2 news.sina.com.cn/w/p/2006-04-20/18409674977.shtml

1-076-1 www.sj33.cn/architecture/jzsj/201006/23361.html

1-076-2 travel.dili360.com/jwx/2011/081920554.shtml

1-076-3 jandan.net/2008/08/07/frank-gehry.html

1-077 blog.sina.com.cn/s/blog_6c95244501010z3c.html

1-078 bbs.zhongsou.com/3/20120105/3753067.html

1-080-1 info.ehome.hc360.com/2011/10/141031192689.shtml

1-080-2 www.dichan.com/case-show-147878.html

1-081-1-1 zhishi.xkyn.net/jingyan-368637851544254284.htm

1-081-1-2 www.cbda.cn/html/dongtai/20130301/16688.html

1-081-1-3 wallstreetcn.com/node/67201

1-081-1-4 photo.cnhubei.com/2015/0417/219497_10.shtml

1-081-2 ztc.zgnhzx.com/

1-082-1	newhouse.sz.soufun.com/2011-12-09/6558061_1.htm
1-082-2	sy.ganji.com/fang12/381782577x.htm
1-082-3	bbs.365jia.cn/forum.php?mod=viewthread&tid=1121769
1-083-1	life.takungpao.com/q/2013/0509/1303012_5.html
1-083-2	www.qqzhi.com/article/2006816842.html
1-083-3	qy.ff1.com.cn/archive.php?aid=77716
1-083-4	www.zhong5.cn/article-143395-1.html
1-084-1	lvyou168.cn/tour_essay/20110111/26730.html
1-084-2	www.designboom.com/tag/RMJM-architects/
1-084-3	iarthome.com/archives/9571
1-087-1	blog.sina.com.cn/s/blog_680958930100wttf.html
1-087-2	artist.baozang.com/15257/works8281
1-087-3	www.k1982.com/design/339142.htm
1-087-4	www.96hq.com/news/24128.html
1-088-1	blog.163.com/zlf860315/rss/
1-088-2	jz.zhulong.com/topic_URBANDESIGN.html
1-089-1	www.pbs.org/wnet/hawking/html/home.html
1-089-2	http://bbs.xdxdxd.com/thread
1-089-3	blog.sina.com.cn/s/blog_a18938770101aarp.html
1-090-1	m.life.com.tw/?app=view&no=213360
1-092-1	www.guokr.com/post/358332/
1-092-2	baike.soso.com/v48184.htm
1-093-1	www.ngmchina.com.cn/web/?viewnews-135365
1-093-2	pic.mil.sohu.com/detail-650120-12.shtml
1-097	news.m4.cn/2013-04/p1205586_19.shtml
1-098	www.bjcaca.com/bisai/show.php?bid=6&pid=2132
1-102-1	www.ld0766.com/thread-759530-1-1.html

1-102-2   news.wz.soufun.com/2011-10-09/6039065_all.html

1-103-2-1   tuan.tuniu.com/detail-12399

1-103-2-2   www.douban.com/doulist/116053/

1-103-2-3   bbs.cnhubei.com/thread-2687930-11-1.html

1-108-1   www.jgdq.gov.cn/jbx/news_view.asp?newsid=177

1-108-2   http://epp668.blog.bokee.net/bloggermodule/blog_
           viewblog.do?id=7979459

1-109   blog.sina.com.cn

1-113-1   travel.tianhenet.com.cn/2012/0410/266851.shtml

1-113-2   jipin.kaixin001.com/p/1419045186490750

1-114-1   valve.pv800.com/news.view-4629-1.html

1-114-2   china.eb80.com/saleshow_2765801/

1-116-1   travel.sina.com/news/spot/2008-08-21/22341240.html

1-116-2   office.soufun.com/2008-1-22/1470315_2.htm

1-116-3   www.tuniu.com/g3738/tipnews-7889/

1-117   bbs.big5.voc.com.cn/topic-6017613-1-1.html

1-118   cctvclub.blog.sohu.com/18750826.html

1-119   http://www.neonan.com/fun/social/articles/21862

1-120-1   sucai.redocn.com/down-2054351.html

1-120-2   blog.sina.com.cn/s/blog_ac798e0201017ogd.html

1-126   http://finance.ifeng.com/a/20140825/12992572_0.shtml

1-129-1   www.woxihuan.com/34599026/1356827819129772.shtml

1-129-2   bbs.gz.house.163.com/bbs/showing/344388744.html

1-130-1   www.zhihu.com/question/23882221

1-130-2   blog.sina.com.cn/s/blog_6336dffe0100uumc.html

1-131   www.mt-bbs.com/thread-130646-1-8.html

1-132   www.csju.cn/dapei/yizi/20100624/19647.html

1-133	www.sucaitianxia.com/psd/ctys/201002/18824.html
1-134	http://www.chinabaike.com/article/316/327/2007/2007022053977.html
1-135-3	www.k1982.com/design/120768.htm
1-138-1	http://www.china.com.cn/photochina/2012-01-05/content_24332639.htm
1-138-2	china.com.cn
1-142-1	q.sohu.com/forum/14/topic/46522547
1-142-2	www.cc6uu.com/line/line/print/398
1-144-1	biztravel.com.cn/xc.asp?id=107
1-144-3	huaban.com/pins/295264062/
1-145-1	blog.sina.com.cn/s/blog_6d38638a0102dthx.html
1-146-1	www.woxihuan.com/184632533/1353330472129411.shtml
1-146-2	https://tw.bid.yahoo.com/item/c89383871
1-147-1	www.51qilv.com/blog/3585.html
1-147-2	www.6v.com/v/xtv/50b0831bf650a1074e4dde8f.html
1-149	travel.gmw.cn/2011-04-06/content_1795391.htm
1-152-1	bbs.ksls.com.cn/thread-225704-2-1.html
1-152-2	economic.my399.com/system/20120417/000369044.html
1-153-1	www.zcool.com.cn/show/ZMjExNjQ%3D/2.html
1-153-2	money.stockstar.com/SS2015012200003190_2.shtml
1-154	m.yiqifei.com/i/article/135329.html
1-156-1	qz.137home.com/Dread/125952.html
1-156-2	chinaasc.org/article-58698-1.html
1-158	http://blog.sina.com.cn/s/blog_d32159d50101eiy0.html
1-159-1	digi.163.com/13/0809/05/95QJ5SEV00163HEA.html
1-159-2	blog.sina.com.cn/s/blog_629000bc0102du5w.html

1-160	www.shulife.com/view-54812-1.html
1-161-1	www.qcoco.com/thread-2927886-1-1.html
1-161-2	11115.diandian.com/?tag=img
1-161-3	www.qianjia.com/html/2007-02/24734.html
1-162-1	tem.jd.com/1183102106.html
1-162-2	blog.sina.com.cn/s/blog_b463768b0101i843.html
1-163-1	www.17u.net/wd/xianlu/4904547
1-163-2	zhishi.xkyn.net/jingyan-1796344488847392507.htm
1-165-2	www.wood365.cn/mebamboo/freeSell_21_1.html
1-167	bbs.co188.com/thread-3420167-1-55.html
1-169-1	http;//www.archreport.com.cn
1-169-2	www.xueus.com/information/00020017.html
1-169-3	www.k1982.com/show/806604.htm
1-171	sjz.tobosu.com/member/258076/news-186901.html
1-173-1	ing.weibo.com/tj/a1e34399320020ux.html
1-173-2	bbs.meishanren.com/thread-456305-1-10.html
1-174-1	ttp;//www.botao188.com
1-174-2	ttp;//www.news.99ys.com
1-180-1	club.chinaiiss.com/html/20131/15/p9726.html
1-180-2	bbs.tianya.cn/post-74514-236-1.shtml
1-182	beauty.zdface.com/a/newshow_936121_1.htm
1-183-1	blog.sina.com.cn/s/blog_9da15c960102vjg8.html
1-183-2	kan.weibo.com/con/3466250613994413
1-187	www.zcool.com.cn/show/ZNDQwMTI=.html
1-188	blog.sina.com.cn/s/blog_4b78703b0100y2wk.html
1-189-1	www.jinshijie.com.cn/a/shixunban/tuwen/
1-189-2	www.findart.com.cn/youhua/show/62366/

1-190-1	www.kejixun.com/kexue/36.html
1-190-2	www.topit.me/album/302771?p=11
1-192	zhiyanle.blog.hexun.com/54685641_d.html
1-193	www.heze.com/news/show-38404.html
1-195	world.people.com.cn/BIG5/9132969.html
1-198	bbs.qianyan001.com/bbs/thread_81818_1.html
1-199-1	news.hexun.com/2011-02-11/127247236_14.html
1-199-2	bbs.tianya.cn/m/post-free-4451959-1.shtml
1-200	bbs.e0514.com/forum.php?mod=viewthread&tid=1653875
1-204	www.so-w.com/c_50016346-2.html
1-205	http://www.shutterstock.com/pic-13703794/stock-photo-earth-n-america-from-space-from-a-digitally-enhanced-apollo-negative-one-of-the-last-manned.html
1-206	blog.sina.com.cn/s/blog_56c0ef7b0102vbsu.html
1-207	travel.homevv.com/2012/0607/4387.html
1-210	www.tplm123.com/picinfo-1206209.html
1-212-1	blog.sina.com.cn/s/blog_604609a00100upnl.html
1-213	pic.joke01.com/gaoxiao/12-10/18/253.html
1-220	ic.cul.sohu.com/detail-441999-5.shtml
1-226	item.jd.com/1262853702.html
1-227	auction.artron.net/paimai-art49301128/
1-228	www.183read.com/magazine/article_158530.html
1-232	www.douban.com/doulist/958608/
1-233-1	http://en.netlog.com/DrPerfeito
1-233-2	baike.techweb.com.cn/doc-view-7798.shtml
1-124-1	blog.sina.com.cn/s/blog_5989c9ac0102e4qi.html

1-124-2   news.ixiaoma.com/bendi/content/201301/45113.html

1-238-2   mil.sohu.com/20100416/n271554420.shtml

1-240-2   bbs.tianya.cn/post-worldlook-616180-1.shtml

1-241   http://www.360doc.com/content/14/0821/05/14979747_
           403475034.shtml

1-242-1   www.pep.com.cn

1245-2   wap.mydrivers.com

1-246-1   www.shw.cn/article/txtx/zl/200508/6145.html

1-246-2   www.junshiqu.com/dianpin/lsmw/

1-246-3   http://www.xuexila.com/lunwen/sociology/population/
           65012.html

2-002-1   www.bbc.co.uk/news/entertainment-arts-15489629

2-002-2   www.xsyhxx.com/web/ShowArticle.asp?ArticleID=1815

2-007   www.archcy.com/focus/chouljianzhu/5a713c85d183488c

2-010-1   www.chinadmd.com

2-010-2   auction1.paipai.com/26519F0E0000000004010000
           3E0179..

2-010-3   http://m.zhihu.com/8uistion

2-015-1   bbs.xinhuacang.com/forum.php?mod=viewthread&tid=51...

2-015-2   http://www.nipic.com/show/1/74/5270861kb0931403.html

2-016   ynyddxsgjjbhqlyl.blog.163.com/blog/static/17826550..

2-021-1   http://www.gcszy.com/lishi/ShowArticle.asp?ArticleID=
           7767

2-021-2   build.woodoom.com/jingdian/domestic/200707/2007071..

2-030-1   www.he.xinhuanet.com/misc/2009-05/14/content_16528

2-030-2   njdfz.nje.cn/HTMLNEWS/746/2008623171408.htm

2-030-3   m.zhihu.com/question/21999229/answer/20103172

2-033	www.babytree.com/community/dabenying/topic_2383211
2-034	www.chnshiqi.com/forum.php?mod=viewthread&page=1&t..
	www.cangbao.com/news/476012.html
2-035-1	2010.qq.com/a/20100511/000357.htm
2-035-2	2008shaomeng.blog.163.com/blog/static/217516672010...
2-036-1	www.baike.com/wiki/%E7%AC%AC%E4%B8%89%E5%9B%BD%E9%
2-036-2	www.russia-online.cn/CityGuide/detail_1_%E8%8E%AB%
2-037	www.zcom.com/article/89743/
2-040-1	photo.blog.sina.com.cn/photo/5659fa22g9ef3eca00e57
2-040-2	http://image.haosou.com/v?ie=utf-8&src=hao_360so&q= 纽约曼哈顿&fromurl=http%3A%2F%2Fwww.nipic.com%2 Fshow%2F1%2F38%2F5109423k2989c8a0.html#ie=utf- 8&src=hao_360so&q=%E7%BA%BD%E7%BA%A6%E6%9 B%BC%E5%93%88%E9%A1%BF&fromurl=http%3A%2F %2Fwww.nipic.com%2Fshow%2F1%2F38%2F5109423k2 989c8a0.html&lightboxindex=0&id=991a99116b806ddf39 bfa953f5ab4271&multiple=0&itemindex=0&dataindex=0
2-041-3	http://www.quanjing.com/imginfo/east-a71-1482684.html
2-042-1	news.xinhuanet.com/world/2005-02/06/content_255279...
2-042-2	www.qn0854.com/forum.php?mod=viewthread&ordertype=..
2-042-3	http://hj.ce.cn/
2-042-4	http://info.3g.qq.com/g/s?aid=news_ss&id=news_201205 22000698
2-043-1	www.mso.cn/html/69/n-2html/image
2-043-2	www.snsn120.com/2015/0315/26638.htm
2-044	link.springer.com/chapter/10.1007/978-0-387-84853-.

2-044	baike.baidu.com
2-045	www.360doc.com/content/15/0306/12/21081312_4530536..
2-050-1	www.guancha.cn/politics/2013_11_21_187215.shtml
2-050-2	http://baike.haosou.com/doc/3414916-3594286.
	html?src=tupianstu
2-053	www.astronomy.com.cn/bbs/thread-197327-1-1.html
	www.stdaily.com/guojipindao/tjtp/201412/t20141215_..
	www.cnr.cn/gundong/201108/t20110802_508314646.
	shtm..
2-055	www.missyuan.com/thread-724639-1-2.html
	www.missyuan.com/thread-724639-1-2.html
2-060	www.care2.com/c2c/people/profile.html?pid=77554698..
2-063	www.fundesign.tv/view.php?aid=544
2-065	http://st.haosou.com/stu?a=siftview&imgkey=t0166
	332f2e4aeb6029.jpg&fromurl=http://www.nipic.com/
	show/4/79/ffca43390f114870.html#i=0&pn=30&sn=0&id=
	088932a7738d032c2c2d7f6d4c772756
2-070	www.china.com.cn/v/news/2012-07-24/content_2599692..
2-072	www.my0825.net/thread-27728-1-2.html
2-077	arch.cafa.edu.cn/2007/liuwenbao/archihives
2-081	news.xinhuanet.com/shuhua/2007-06/25/content_62872..
2-083	http://blog.163.com
2-084-1	http://www.zggxb.com.cn
2-084-2	www.hzxzxx.com/article_show.asp?articleid=45573
2-085	www.lvmama.com/info/photo/picnews/2012-0730-116819..
2-086	www.tieku001.com/258688/2.html
2-087	zawen2008.blogchina.com/2344805.html

2-088-1   www.orgcc.com/news/2015/04/73141.html

2-088-2   art.ifeng.com/a/20150319/61237_0.shtml

2-089   www.chinadaily.com.cn/hqcj/xfly/2015-01-03/content..

2-090   www.answers.com/topic/london-inner-ring-road

2-090   news.a963.com/news/detail/2006-05/6687.shtm

2-091   www.woxihuan.com/164286597/1350338242124118.shtml

2-096   www.funshion.com/subject/onepic/6605/s-all.p-

2-097   www.nipic.com/show/1/14/4243743kea296309.html

2-099-2   wangenxiang5203.blog.163.com/blog/static/184587423.

2-099-2   www.szjs.com.cn/htmls/200903/45070.html

2-101   www.oldkids.cn/blog/blog_con.php?blogid=775477&cid..

2-102   bbs.gyer.com/thread-830508-1.html

2-104   http://world.people.com.cn

2-109   www.biaoqiany.com/java%20excel%20.html

2-114   www.huabao.me/p/659445/

2-116   www.85nian.net/archives/8922.html

2-117   blog.sina.com.cn/s/blog_e1ea9e0b0102v6d8.html

2-118   www.pinterest.com/turtlesheldon/alchemy-cosmology

2-119   www.jxcn.cn/525/2010-8-9/30079%40744848_1.htm

2-120   http://www.kpkpw.com

2-124   www.94677.com/index.html

           www.viwin7.com/win7_themes/animal/201108/close_ins

2-131   http://book.kong.fz.com

2-136   www.app111.com/all/1-0-0-1-0-0-0-0-7010-119/

2-140   http://bbs.zol.com.cn/dcbbs/d167_176161.html

2-146   www.tubolo.com/inq%CD%C1%BA%C0%BD%F0%CA%B

           2%C3%B4%D

www.juwai.com/luxe/news/115519.htm

2-148　　www.tsnews.cn/news/content/2008-06/05/content_2626..

2-154　　www.news.wisc.edu/13422

2-155　　www.money.163.com/

3-02　　weibo.com/p/100808d543cefbf49e0d7bf1f7781835461f02.

3-04　　www.xinhuanet.com/chinanews/2008-04/07/content_128

3-04　　yndaily.yunnan.cn/html/2013-08/02/content_736351.h.

3-05　　www.9yjk.com/%E6%8A%BC%E8%A7%A3%E7%9A%84
　　　　%E6%95%85%.

3-06　　www.hbepi.com/news/show-37923.html

3-06　　www.360doc.com/content/09/0311/11/90415_2775800.sh.

3-06　　www.jd.com/bigimage.aspx?id=1292882508

3-06　　www.szzhenxingcpa.com/news_6890_395.html

3-07　　www.egou.com/index24620933.html

3-08　　http://image.haosou.com/v?ie=utf-8&src=hao_360so&q=
　　　　城市的马路上一次次的地开膛破&fromurl=http%
　　　　3A%2F%2Fblog.163.com%2Fqq1108888%40126%2Fblo
　　　　g%2Fstatic%2F28315065200682103291703170%2F#ie=utf-
　　　　8&src=hao_360so&q=%E5%9F%8E%E5%B8%82%E7%9A
　　　　%84%E9%A9%AC%E8%B7%AF%E4%B8%8A%E4%B8%
　　　　80%E6%AC%A1%E6%AC%A1%E7%9A%84%E5%9C%B0
　　　　%E5%BC%80%E8%86%9B%E7%A0%B4%E8%82%9A&fr
　　　　omurl=http%3A%2F%2Fblog.163.com%2Fqq1108888%40
　　　　126%2Fblog%2Fstatic%2F28315065200682103291703170%2F
　　　　&lightboxindex=3&id=c28db6b97d7d7311910fd07de15f85
　　　　81&multiple=0&itemindex=0&dataindex=5

3-12　　http://image.haosou.com/v?q=华盛顿中央广场&src=srp&

fromurl=http%3A%2F%2Fwww.duitang.com%2Fpeople%

2Fmblog%2F113970724%2Fdetail%2F#q=%E5%8D%8E%

E7%9B%9B%E9%A1%BF%E4%B8%AD%E5%A4%AE%E

5%B9%BF%E5%9C%BA&src=srp&fromurl=http%3A%2F

%2Fwww.duitang.com%2Fpeople%2Fmblog%2F11397072

4%2Fdetail%2F&lightboxindex=2&id=53f26949480fab757

976bf72daf8d375&multiple=0&itemindex=0&dataindex=2

3-13   http://www.china-up.com/hdwiki/ghal/yixiang/zongti/

zongti.htm15 http://www.juzimi.com/writer/卡尔·波普尔

3-16   http://www.soku.com.tw/伽利略·伽利雷/

3-17   http://www.js811.com/bbs/forum.php?mod=viewthread&

ordertype=1&tid=20253

3-20   http://www.360doc.com/content/14/0930/22/9677068_

413572571.shtml

3-22   http://image.haosou.com/v?q=北京西客站大门夜景

3-23   www.cncn.com/xianlu/128562330887

3-26-1   http://gb.cri.cn/27824/2011/04/15/5311s3219476.htm

3-31   http://news.xinmin.cn/rollnews/2012/06/16/15173548.html

3-60   http://www.7y7.com/yule/47/62647.html

3-63   http://blog.sina.com.cn/s/blog_560197ea0101c422.html

3-64   http://blog.sina.com.cn/s/blog_6ab15e3e0100tkq1.html

4-003   finance.takungpao.com/food/focus/index_8.html

4-004   http://www.nipic.com/show/4/138/45db4f475bb84d07.html

4-004（2）   xinyu.yodobuy.com/ms/xican/13564.html

4-007   news.17ok.com/news/679/2009/0820/1261574_8.html

4-015   blog.sina.com.cn/s/blog_7800edb301013lyh.html

4-015（2）   blog.sina.com.cn/s/blog_67d9b30d0100yxtp.html

4-016	blog.sina.com.cn/s/blog_7182345f01017nay.html
4-020	http://www.chinareports.org.cn/zz/msgc/jzzx/news269225.htm
4-021	nc.city8.com/house/2660094.html
4-023	photo.blog.sina.com.cn/photo/51d2f1c644b4c79115e1d
4-025	bbs.henan100.com/thread-26156-1-1.html
4-026	hb.ifeng.com/pic/detail_2014_12/26/3341828_0.shtml
4-027（1）	blog.sina.com.cn/s/blog_4dc39d1201000b3y.html
4-027（2）	games.qq.com/a/20110919/000270.htm
4-029	www.giabbs.com/thread-513834-1-1.html
4-035	pic.yesky.com/more/6_28835_rttj_1.shtml
5-01	www.51sole.com/b2b/pd_29282180.html
5-02	item.jd.com/1113436171.html
5-08	huaban.com/pins/11075276
5-10	http://blog.sina.com.cn/qianfanyuanying
5-28	china.yzdsb.com.cn
6-05（1）	www.k1982.com/design/149078.html
6-05（2）	3g.kdnet.net/?boardid=1&id=7570517&t=topic-show
6-05（3）	tech.huanqiu.com/photo/2012-07/2656089_2.html
6-13（1）	www.xkyn.com/tushuo/auto-5BD20008-168516.html
6-13（2）	artist.socang.com/ArtistProduct/672709.html
6-13-2	www.qqywf.com/view-672355.html
6-15	auto.sdchina.com/news/201101/187839.html
6-16	www.jian123.com/yuedu/422626.html
6-17（1）	bbs.junhunw.cn/thread-97326-1-1.html
6-17（2）	blog.sina.com.cn/s/blog_538702330102uzd2.html
6-17（3）	www.szqh.gov.cn/tzqh/

6-37-1	www.zhihu.com/question/23945902/answer/30561438
6-37-2（1）	auto.hexun.com/2011-02-10/127213381.html
6-37-2（2）	dealer.autohome.com.cn/62719/news_1411926.html
6-52	focus.scol.com.cn/zgsz/20070301/20073192326.html
6-55	js.people.com.cn/n/2015/0329/c360302-24312253.html
7-056	www.astron.ac.cn/list2-152.html
7-115	you.ctrip.com/travels/beijing1/2315153.html

※2《世界建筑全集》巴洛克·洛可可建筑

1-004-1	1-004-2	1-033	1-115-3	1-124-1
1-124-2	1-144-2	1-145-2		

※3 矶崎新《建筑行脚》六耀社

1-013	1-014	1-052-1	1-052-2	1-139-1
1-139-2				

※4 ARCHITECTURAL RECORD 1999年 第七期

1-044	1-103-1

※5 网友提供

1-065

※6 西安建筑科技大学建筑学院提供

1-110	1-112	1-223

※7 本书作者提供

1-074	1-143	1-165-1	1-177	1-179
1-237-2	3-26-2	3-30	3-42	3-45-2

7-002	7-003	7-004	7-005	7-008
7-009-1	7-009-2	7-010-2	7-010-1	7-011
7-012	7-013-1	7-014-1	7-014-2	7-015
7-016	7-020	7-021	7-025-1	7-026
7-027-1	7-027-2	7-028	7-029	7-030
7-032	7-033-1	7-033-2	7-035	7-037
7-038-2	7-039	7-040	7-041	7-042
7-043	7-044	7-045	7-047	7-048
7-064-2	7-066	7-100	7-108	

※8《后现代佳作集锦》【日】市川政宪、松木透、近藤辛夫、胡惠琴 译 天津大学出版社1990年

1-135-1	1-135-2	1-136	2-100	2-141-3
3-53	6-02	6-33	6-34	6-35

※9 INFO BOX THE CATALOGUE【德国】NISHEN 1998

6-06	6-22	6-23

※10 乌鲁木齐市规划局提供

2-039

※11 Google 地图

6-11

※12 Г. Пугаченкова . Средняя Азия Архитектурные Памятники IX – XIX века. Издателство Планета . 1985

7-067-2

※13 ISLAMIC ART AND ARCHITECTURE HENRI STIERLIN
THAMES&HUDSON

7-068-2

※14 新疆维吾尔自治区博物馆 香港 金版文化出版社 2006年

7-103

※15 <A+U>【日】2010.3

2-058

※16 ARCHITECTURE FOR THE FUTURE TERRAIL 1996

3-37   3-44   3-47   3-48

致谢

在本书的整理过程中得到了杨钊、王云、郭蓉、邱海华、向梦乔、杜贞的
协助。再次谢谢！